口腔器械清洗消毒及灭菌实用手册

Practical Manual for Cleaning，Disinfection，and Sterilization of Dental Instruments

主　编　李秀娥　李晓光

副主编　王春丽　李　华　甘　露　李　兴

编　委　(按姓名汉语拼音排序)

陈云涛　崔　静　党　芸　姜海娟

李　辉　李九月　刘海凤　刘　萌

王　倩　王伟平　奚　擎　杨晓宇

曾惠文

U0825996

北京大学医学出版社

KOUQIANG QIXIE QINGXI XIAODU JI MIEJUN SHIYONG SHOUCE

图书在版编目（CIP）数据

口腔器械清洗消毒及灭菌实用手册 / 李秀娥，李晓光主编．—北京：北京大学医学出版社，2024.1
ISBN 978-7-5659-2808-6

Ⅰ．①口…　Ⅱ．①李…②李…　Ⅲ．①牙科器械 - 清洗 - 手册②牙科器械 - 消毒 - 手册　Ⅳ．①TH787-62

中国国家版本馆 CIP 数据核字（2023）第 006576 号

口腔器械清洗消毒及灭菌实用手册

主　　编： 李秀娥　李晓光
出版发行： 北京大学医学出版社
地　　址：（100191）北京市海淀区学院路 38 号　北京大学医学部院内
电　　话： 发行部 010-82802230；图书邮购 010-82802495
网　　址： http：//www.pumpress.com.cn
E-mail： booksale@bjmu.edu.cn
印　　刷： 北京信彩瑞禾印刷厂
经　　销： 新华书店
责任编辑： 刘陶陶　　**责任校对：** 靳新强　　**责任印制：** 李　啸
开　　本： 710 mm × 1000 mm　1/16　**印张：** 11.75　**字数：** 230 千字
版　　次： 2024 年 1 月第 1 版　2024 年 1 月第 1 次印刷
书　　号： ISBN 978-7-5659-2808-6
定　　价： 85.00 元
版权所有，违者必究
（凡属质量问题请与本社发行部联系退换）

本书由

北京大学医学出版基金资助出版

序　一

随着社会发展和人们生活条件改善，大众对口腔疾病诊疗的需求不断增加，各级各类口腔医疗机构也随之逐年增多。有效预防和控制医院感染，对提高医疗质量，保证医疗安全至关重要。口腔诊疗操作中使用的器械直接或间接地接触患者的唾液、血液、组织，具有导致医院感染的风险。如何科学、规范地对口腔诊疗器械进行消毒处理是口腔医疗机构感染防控中不容忽视的重要环节，是诊疗安全的重要保障。口腔器械种类多、体积小、精密复杂，其消毒处理涉及多个环节，使用多种设备及耗材，对消毒人员的能力有严格要求。2016 年 12 月，由国家卫生和计划生育委员会牵头，全国口腔护理和感染控制专家起草并颁布了《口腔器械消毒灭菌技术操作规范》（WS 506—2016，以下简称《规范》），从回收、清洗、检查包装等全流程规范了复用口腔器械的消毒及灭菌的要求，为各级口腔诊疗机构正确处理器械和物品提供依据。在《规范》颁布后的几年中，北京大学口腔医院也一直解读《规范》的指导原则和要求，并结合医院口腔器械消毒供应的实际情况，摸索出更加详细、具体可行、精准的消毒灭菌方案。为了与全国口腔护理同仁分享《规范》实施过程中的体会和经验，我院组织编写了《口腔器械清洗消毒及灭菌实用手册》。该手册在《规范》规定的原则要求基础上，进一步细化了口腔器械清洗消毒的原理、操作方法和注意事项等内容，编写过程中也参考了国内外相关领域的规范和指南，内容更加丰富，实用性和临床指导性更强，且图文并茂，体现了我院一线消毒供应人员的思考和经验。相信该手册的出版能为全国各级口腔医疗机构科学、合理地开展口腔器械的消毒灭菌处理提供理论和技术指导。

序　二

重复使用诊疗器械、器具和用品的清洗消毒与灭菌工作，是控制院内感染、保证医疗质量的关键环节。国家卫生和计划生育委员会在2016年12月颁布《口腔器械消毒灭菌技术操作规范》（WS 506—2016），以提升复用口腔器械的正确处置和管理。该文件对口腔器械再处理，从回收、清洗、检查包装、灭菌等多个流程进行了规范，使口腔器械的规范化处理流程不断落实，使广大护理人员不断精进技术、提升能力，在实现口腔专科手术器械规范化处理的道路上不断前行。

一边是医学诊疗技术迅速发展，一边是口腔器械具有结构复杂、精密贵重、材质特殊等特点，这些都促使口腔器械再处理从业人员应不断同步提升专业技能，不仅要了解医学、护理等新技术、新方法的开展与应用，还要熟练掌握伴随新技术、新方法诞生的口腔专科医疗器械的清洗、消毒、包装、灭菌等理论知识和操作技能，确保此类重复使用的医疗器械、器具及物品经过了规范化的再处理，以有效降低医院运营成本，预防感染发生，保障医疗安全。

本书关注口腔专科器械，特别是结构复杂、贵重、精密、显微器械的处理，从基本概念与基础知识、管理的要求入手，对器械评估、清洗、检查、灭菌及质量控制等多个方面做了详细的阐述，内容丰富、图文并茂、针对性强、术语规范，有较强的科学性、指导性、实用性，能够积极促进专业人员技能的提升和操作的规范，提高工作质量和效率，促进口腔器械清洗消毒及灭菌技术操作向规范化、精细化、精准化发展。本书适合各医疗机构口腔科工作人员和相关管理者学习参考，也适合其他负责口腔器械再处理的科室及相关人员借鉴参考。希望本书能给广大器械再处理从业人员及医院相关部门管理者提供积极的指导作用。期待广大护理工作者携起手来，不断学习，勤于实践、勇于创新，为健康中国战略实施做出更大贡献！

张青

前 言

复用口腔器械的消毒灭菌是口腔诊疗机构感染预防和控制的重要环节。口腔器械在临床使用过程中可能受到血液传播性疾病病原体（如人类免疫缺陷病毒、乙型肝炎病毒）或其他致病微生物的污染，因此器械清洗消毒的任务重、难度大。复用器械的正确处理是切断传播途径、避免患者间发生交叉感染的重要环节。数据显示，2019 年我国口腔医疗机构约 10 万所，包括口腔专科医院、综合医院口腔科、民营口腔诊所等各级各类口腔医疗机构。不同的口腔医疗机构预防感染和控制感染的能力参差不齐。近年来，国内外已发生多起因口腔器械消毒灭菌不合格导致的感染事件，严重威胁了患者的生命安全。口腔医疗机构面临着感染控制的巨大挑战。

国家卫生和计划生育委员会在 2016 年 12 月颁布的《口腔器械消毒灭菌技术操作规范》（WS 506—2016）对复用口腔器械的处理流程，包括回收、清洗、检查包装、灭菌等多个环节进行了规范要求。但是随着口腔诊疗领域不断拓宽，器械种类也快速发展，器械结构越来越多样、复杂、精细，如何深入理解规范要求，如何对污染器械进行正确处理，是口腔专业人员面临的一项重要任务。在上述背景下，为了帮助口腔专业人员深入理解并正确执行《口腔器械消毒灭菌技术操作规范》的相关要求，我们组织口腔多专业、多部门人员总结了多年来的工作经验，编写了这本操作手册，将基本管理要求和口腔器械清洗消毒的每个步骤逐一阐述，希望能为各级口腔医疗机构从事器械消毒处理的工作人员提供参考。由于水平及时间有限，加之大家对医疗机构感染控制的认识也在不断发展中，本书难免有疏漏之处，还望各位读者提出宝贵意见并批评指正，以鞭策我们不断进步。

编 者

目　录

第一章 管理要求

第一节　环境布局与设备配置

由于使用后的口腔器械黏附大量唾液、血渍及微生物，再处理过程中可能污染周围环境。因此，未设立消毒供应中心的口腔诊疗机构，须设置器械处理区。器械处理区是对复用医疗器械进行回收、清洗、消毒、检查包装、灭菌及储存的区域。

一、环境布局原则

医疗机构在设置器械处理区时建议遵照如下原则。

1．根据口腔诊疗服务规模、工作量和诊疗单元的空间布局确定器械处理区的面积和位置。

2．器械处理区应设置在非诊疗区，空间相对独立，并配备相应的设施、设备和物品。

3．区域布局应符合医院感染防控要求，遵从由污染到清洁的顺序，单向循环传递，不交叉、不逆流。

图 1-1　地面与墙面交界处的处理

4．区域的各类装饰材料应不污染环境，便于清洗、消毒，不会释放灰尘和碎片。其中地面材料应平整、防滑、耐磨，能承载重型设备。墙面材料应阻燃、不易开裂、耐碰撞。地面与墙面踢脚交界处应为弧形设计（图 1-1）。天花板应防潮，表面光滑平整，无裂缝。

5．根据工作量合理配备水、电、气等管路设施，使用防水安全型电源插座。

二、设备配置要求

设备应有医疗器械注册证，能满足诊疗机构器械处理的工作需求，其质量标准符合国家相关规定。口腔诊疗机构常用的医疗设备有：

1．超声清洗机　符合《清洗消毒器超声清洗的要求和试验》（YY/T 1309-2016）的要求，可预先设定超声清洗的参数，自动控制完成清洗。

2．清洗消毒器　符合《清洗消毒器通用要求、术语定义和试验》（YY/T0734.1-2009）的要求，可自动控制完成清洗、消毒、漂洗、干燥等过程。

3．小型压力蒸汽灭菌器　符合《小型压力蒸汽灭菌器 自动控制型 YY/T 0646-2015》，灭菌室腔体容积不超过 60L，装有安全阀，有自动控制系统监控指定的预设周期参数，灭菌温度范围 115 ～ 138℃。

4．大型压力蒸汽灭菌器　符合《大型压力蒸汽灭菌器技术要求 自动控制型 GB 8599-2008》，蒸汽供给方式可自带蒸汽发生器或外接蒸汽。灭菌室应能放置一个或多个灭菌单元（灭菌单元为 300mm × 300mm × 600mm 的长方体），灭菌温度在 115 ～ 138℃，自动控制系统应能预设一个或多个灭菌周期。

5．过氧化氢低温等离子体灭菌器　符合《过氧化氢低温等离子体灭菌器》（GB/T 32309-2015）的要求，采用自动控制器控制灭菌周期和各项参数，应能预设一个或多个灭菌周期，灭菌室温度不大于 60℃，灭菌周期应至少包含真空、注射、扩散、等离子体发生、通风等阶段，并可多次重复运行。

第二节　区域功能划分

器械处理区分为回收清洗区、检查包装及灭菌区和无菌物品存放区。

一、去污区

回收清洗区是对回收器械进行分类、清洗、消毒和干燥的区域（图 1-2）。

图 1-2　回收清洗区

图 1-3　密闭式回收车

（一）设施

1．配备良好的照明和通风装置。

2．配备污染物品回收工具（盒或箱）、密闭式回收车（图 1-3）。

3．配备光滑无裂缝的分类处理台，首选不锈钢台面。

4．配备充足的储物柜、置物架和储物筐等。

5．配备两个及两个以上的手工清洗槽。清洗槽应足够深，安装防喷溅装置，有冷、热水供应。用于漂洗的清洗槽应加装软水处理设备并配备水龙头(图 1-4)。

6．配备洗眼装置。

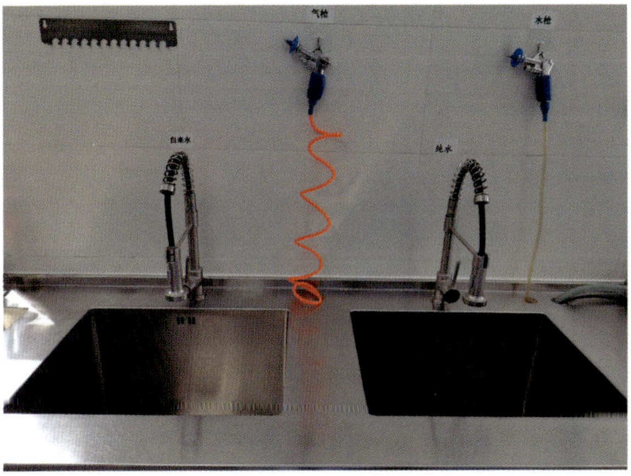

图 1-4　手工清洗槽

知识链接

手工清洗槽

器械处理区建议至少配备两个手工清洗槽，以完成清洗的4个步骤。其中一个水槽安装两个水龙头，分别为自来水和经纯化的水或软水。在这个水槽内可完成流动水对器械的“冲洗”和“漂洗”，及软水或经纯化的水“终末漂洗”步骤；另一个水槽盛放配制的酶溶液或其他清洗剂，完成“洗涤”步骤。水槽应足够深，水龙头上安装防喷溅装置。

（二）设备

根据器械处理工作量配备适量的清洗、干燥和消毒设备。

1．配备超声清洗机、清洗消毒器（图1-5，图1-6）。

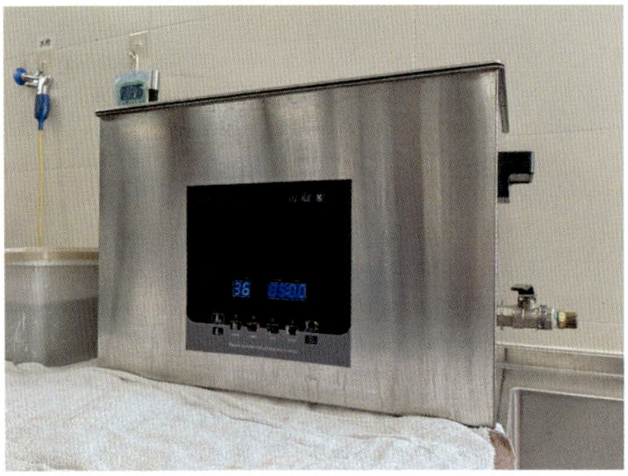

图1-5　超声清洗机

图1-6　清洗消毒器

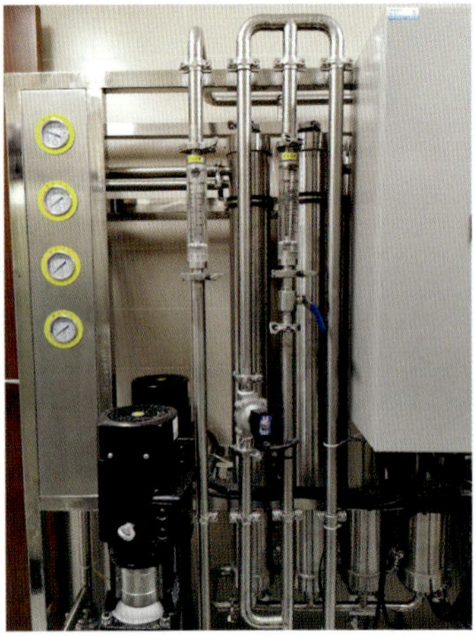

图1-7　纯化水机

2．配备干燥设备，如干燥柜。

3．配备压力气枪及压力水枪。

4．配备水处理系统（图1-7）。

（三）物品

1．配备专用清洗器具，如长柄器械刷（单头刷、双头刷）、管腔清洗刷（图1-8，图1-9）。

2．配备个人防护用品，如口罩、护目镜/防护面屏、防水服、手套、帽子、防水鞋。

3．配备各类清洗剂和消毒剂。

4．其他　如干燥用的低纤维絮擦布。

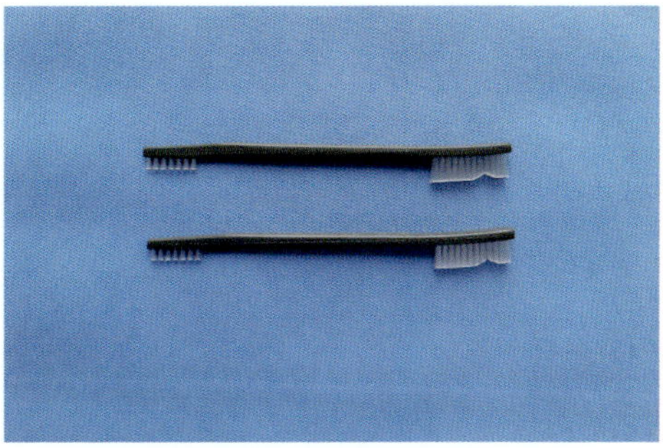

图 1-8 双头器械刷

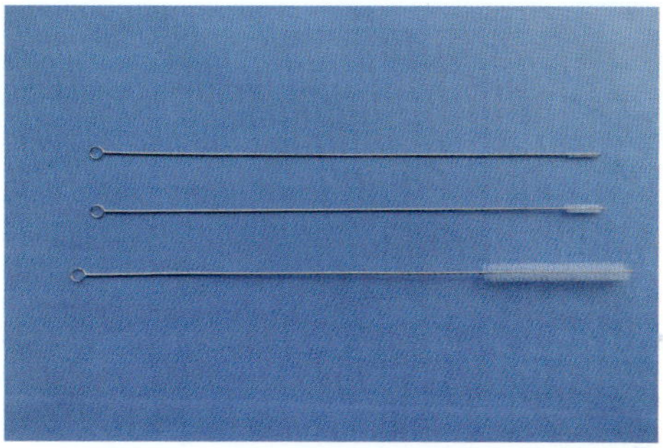

图 1-9 管腔清洗刷

（四）防护要求

1．物品回收时，工作人员应在执行手卫生后，穿戴一次性圆帽、医用外科口罩、手套、外出工作鞋（图 1-10）。

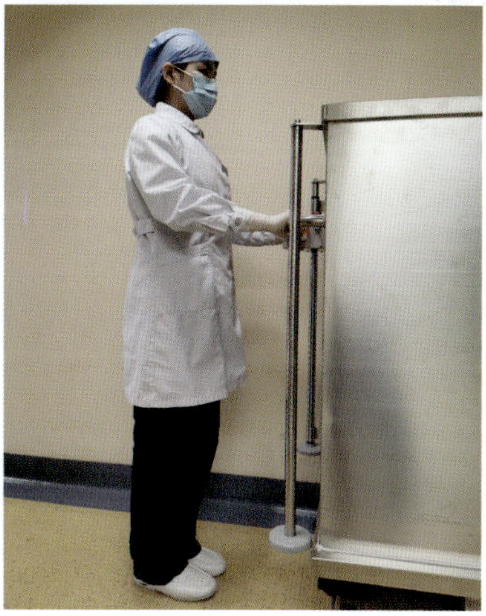

图 1-10 回收人员防护措施

2．对污染器械进行分类、清洗的工作人员防护要更严格，需穿戴一次性圆帽、医用外科口罩、手套、护目镜或防护面屏、防水工作服或防水围裙、防水鞋（图 1-11）。工作人员应戴双层手套。研究证据表明，戴双层手套虽然没有降低针刺伤发生率的作用，但能降低发生针刺伤时的损伤程度和出血量。不得穿戴专用防护用品离开该工作区域。

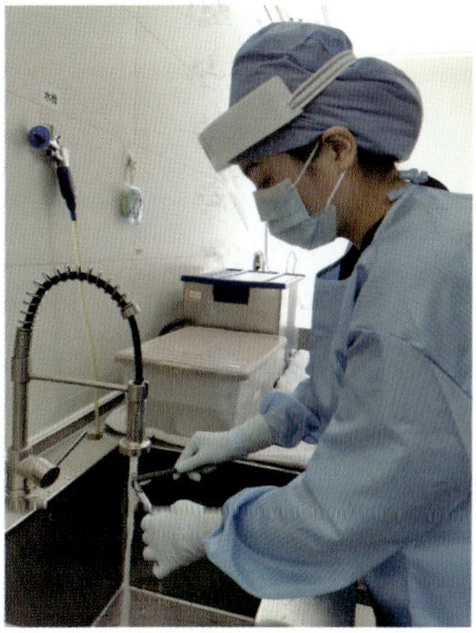

a．近景

b．全景

图 1-11 回收清洗区个人防护

二、检查包装及灭菌区

检查包装及灭菌区是对清洗消毒后的器械进行检查、保养、包装及灭菌的区域。该区为清洁区，在空间上可通过设置物理屏障将其与回收清洗区分开，如墙壁、大型设备（图 1-12），确保物品按照由污染至清洁的顺序进行处理，避免器械处理过程中发生污染。若规模较小的口腔医疗机构的器械处理区为一个空间，则回收清洗区与检查包装区之间应设一定高度的挡板，防止器械清洗时污染的液体飞溅或喷溅至检查包装及灭菌区。

图 1-12 清洗消毒器作为物理屏障分隔回收清洗区和检查包装及灭菌区

（一）设施

1．配备良好的照明装置。
2．配备光滑无裂缝的器械检查包装台。
3．配备器械柜、敷料柜。
4．配备器械置物架。

（二）设备

1．配备牙科手机自动注油养护机（图 1-13）。
2．配备压力气枪、带光源放大镜（图 1-14，图 1-15）。
3．配备医用热封机。
4．配备大型 / 小型压力蒸汽灭菌器（图 1-16）。
5．其他　配备生物培养阅读器等。

图 1-13　牙科手机自动注油养护机

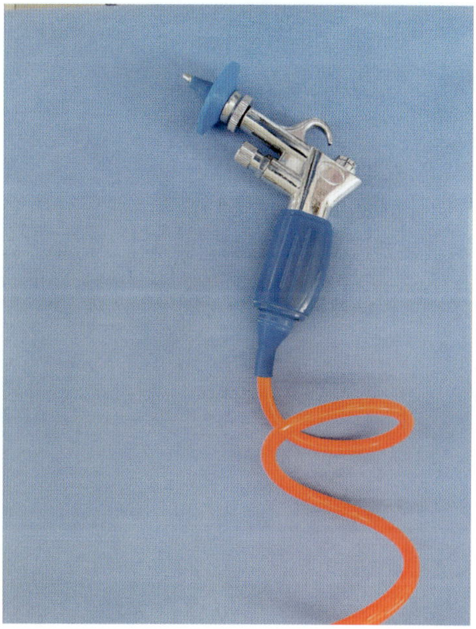

图 1-14　压力气枪

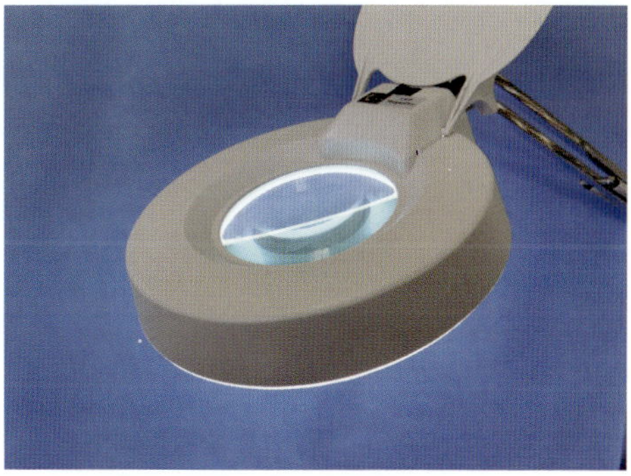

图 1-15　带光源放大镜

图 1-16　小型压力蒸汽灭菌器

（三）物品

1．各类包装材料　如普通棉布、纸塑包装袋、医用无纺布。

2．清洁敷料　如各种规格的纱布、棉球。

3．灭菌监测材料　如各类包内化学指示物、封包胶带、生物指示物。

4．其他　各类器械保护物品（图 1-17）、无菌棉签、精密螺丝刀、压力罐装润滑油（图 1-18）等。

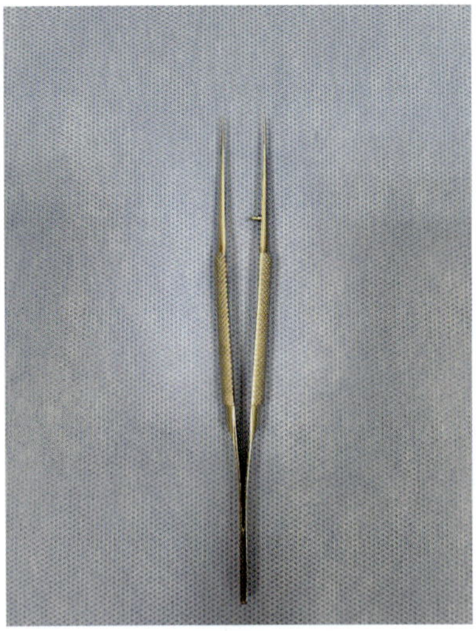

a．精细镊

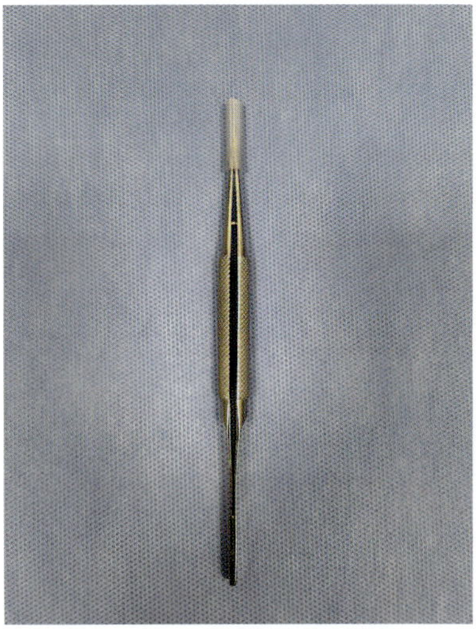

b．用硅胶尖端保护套保护器械

图 1-17　精细镊及其保护套

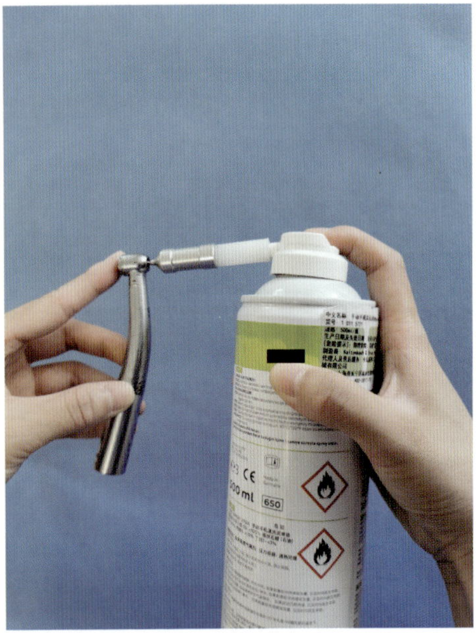

图 1-18　压力罐装润滑油

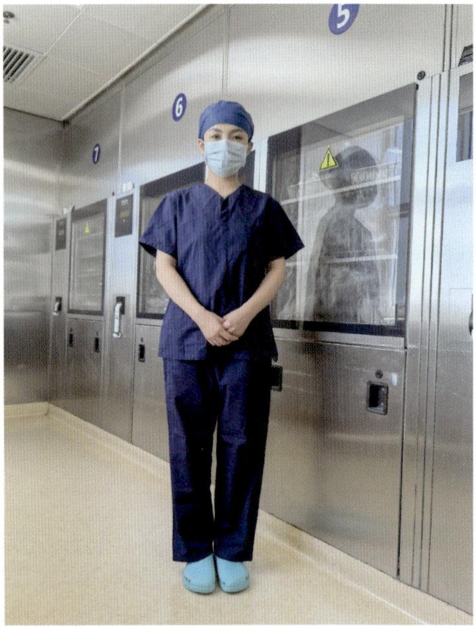

图 1-19　检查包装及灭菌区人员防护措施

（四）防护要求

检查包装及灭菌区人员佩戴一次性圆帽、口罩，穿清洁工作服，可戴手套，或不戴手套，及时手卫生（图 1-19）。

三、无菌物品存放区

无菌物品存放区是卸载、储存和发放无菌物品的区域（图 1-20）。该区应配备无菌物品存放架 / 柜或车，用于存放消毒灭菌后的器械、物品和拆外包装后的一次性无菌物品。工作量较少的口腔诊所，可不设置该区，直接将无菌物品分开放置于器械车或器械柜内。

图 1-20　无菌物品存放区

（一）设施

设施主要包括器械存放架、传递窗、器械车或器械柜等（图 1-21）。

（二）设备

配备信息采集设备。

（三）物品

配备防烫手套。

（四）防护要求

工作人员佩戴一次性圆帽、口罩，穿清洁工作服，及时手卫生。卸载灭菌物品时戴防烫手套（图 1-22）。

图 1-21　无菌物品存放架

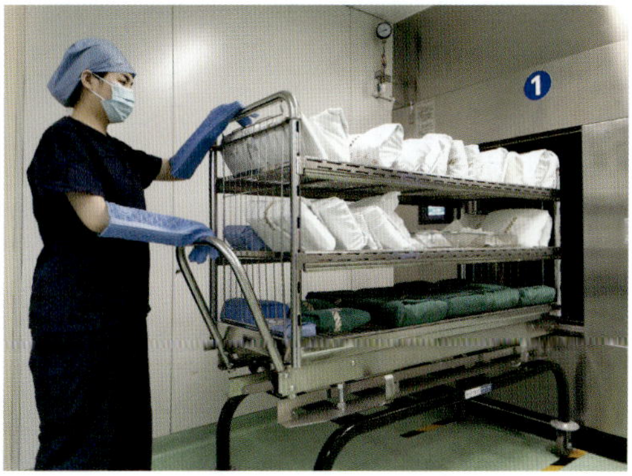

图 1-22　灭菌及发放工作人员个人防护设备

知识链接

器械处理区划分

规模较小的口腔医疗机构，若器械处理区为一个房间，各区域可参考如下图例分区（图 1-23，图 1-24）：

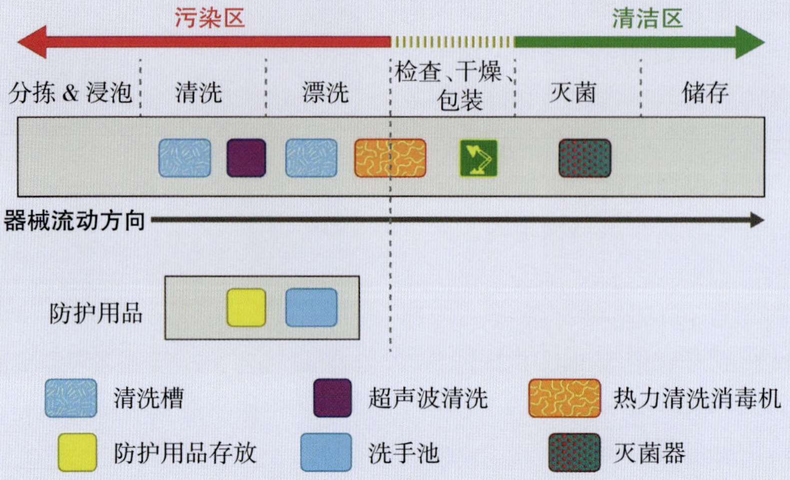

图 1-23　一个房间的区域划分

若为两个分开的房间，各区域可参考如下图例分区：

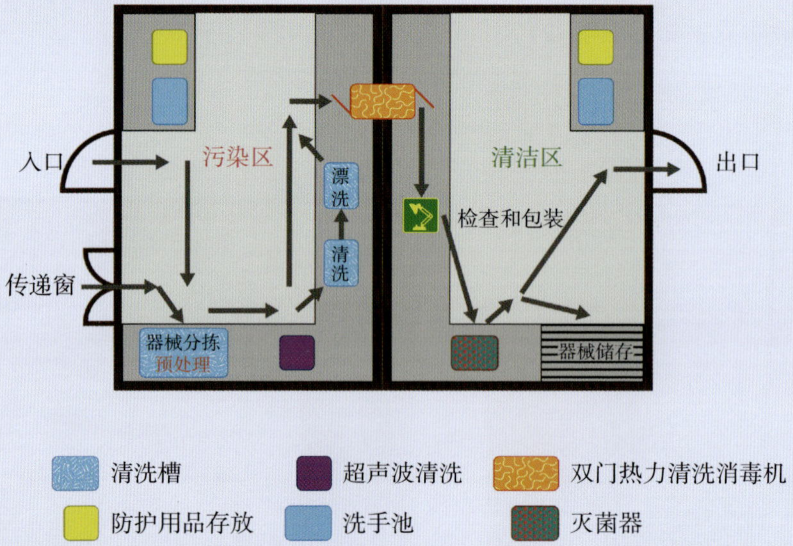

图 1-24　两个房间的区域划分

第三节　防护要求

使用后的器械和物品存在大量感染性病原微生物，工作人员在处理使用后的器械和物品时，应根据岗位要求和标准预防的原则，正确穿戴个人防护用品，防止感染性微生物污染工作人员的皮肤和黏膜，传播疾病。

标准预防是1996年由美国疾病预防与控制中心（Center of Disease Control and Prevention，CDC）提出的，对医院所有患者和医务人员采取的一组医院感染预防措施，1999年引入我国。标准预防强调对所有患者的血液、体液、排泄物（除汗液）或分泌物采取预防措施，具体包括手卫生、穿戴个人防护用品（根据可能发生的暴露风险选用手套、口罩、护目镜、防护面屏、安全注射装置等）、被动免疫、主动免疫及环境清洁消毒等。

由于唾液为一种潜在感染物质，因此采取标准预防的措施能更好地保护患者和医务人员。

一、手卫生

标准预防的措施中，手卫生是重要的一项内容。手卫生为医务人员在从事职业活动过程中的洗手、卫生手消毒和外科手消毒的总称。口腔器械处理的过程中通常需要进行洗手和卫生手消毒。

洗手是医务人员用流动水和洗手液（或肥皂）揉搓冲洗双手，去除手部皮肤污垢、碎屑和部分微生物的过程。洗手时间应不少于15s。

卫生手消毒是医务人员用手消毒剂揉搓双手，以减少手部暂居菌的过程。手部没有明显可见污染物时用卫生手消毒，使用免洗手消毒剂搓擦至手部变干为止。

二、个人防护用品

个人防护用品（personal protective equipment，PPE）是用于保护医务人员避免接触感染性因子的各种屏障，包括口罩、帽子、手套、护目镜、防护面屏、防水围裙、防水工作服等装备。普通白色工作服、刷手服等不能抵御感染暴露的风险，不属于个人防护用品。

（一）口罩

口罩为一次性个人防护用品，根据其防护级别不同可分为医用口罩、医用外科口罩和医用防护口罩。工作人员应根据岗位防护要求选择合适的口罩。佩戴时覆盖口、鼻及下颌，每4h更换一次。如遇口罩潮湿或有明显污染时，应立即更换。

1．一次性医用口罩　能阻隔口腔和鼻腔呼出或喷出污染物的一次性使用口罩，适用于普通医疗环境中佩戴。

2．医用外科口罩　能防止病原微生物、体液、颗粒物等直接透过，有良好的合成血阻断性能，适用于医务人员进行有创操作时佩戴。

3．医用防护口罩　能阻隔飞沫、血液、体液、分泌物等的自吸过滤式口罩。在医疗工作环境下，过滤空气中的颗粒物。有良好的气密性和合成血阻断性能。适用于有严重的环境污染或突发传染性疾病（如呼吸道传染病）时佩戴。

（二）手套

工作人员应根据需要选择合适种类和规格的手套。根据材质，手套分为乳胶手套、丁腈手套和聚氯乙烯手套。根据功能，手套分为检查手套、防护手套、高温防护手套和无菌手套。一般诊疗或操作时，应戴检查手套，目的是防止病原体通过医务人员的手传播疾病及污染环境；手工刷洗器械时，应戴耐磨、耐穿刺的手套；灭菌物品卸载时，应戴高温防护手套；进行无菌操作时，应戴无菌手套（表1-1，表1-2）。

表1-1　器械处理时手套的分类与应用

手套类型	材质	性能	适用场景及处理
乳胶手套	乳胶	不易开裂，耐水溶性化学品	一次性使用，适用于回收、分类和包装
丁腈手套	丁腈橡胶	不易开裂（在应力条件下开裂率最低），耐溶剂和油基化学品	一次性使用，乳胶手套过敏者可选择该手套，适用于回收、分类和包装
聚氯乙烯（PVC）手套	聚氯乙烯	透气，易开裂和撕裂，不适合临床使用	一次性使用，适用于卫生检查和生产操作
防护手套	丁腈橡胶	防滑，防穿刺，防酸碱，抗腐蚀	重复使用，适用于医疗器械的手工清洗和消毒
高温防护手套	硅胶	高温防护，无粉，无乳胶	重复使用，用于灭菌装载及卸载

表 1-2　手套的选择和处理

工作内容	选择及建议	使用后处理
回收	乳胶 / 丁腈手套	一次性使用，用后丢弃
分类清洗	防护手套	重复使用，每日清洁消毒
包装	可选乳胶 / 丁腈手套	一次性使用，用后丢弃
卸载	高温防护手套	重复使用，每日清洁消毒

（三）护目镜与防护面屏

器械清洗过程中可产生液体喷溅和传染性气溶胶。为了避免感染性物质接触工作人员的黏膜（如眼睛、鼻部和口腔），工作人员应佩戴护目镜或防护面屏，加强眼部的保护。眼镜和隐形眼镜不能有效防止液体飞溅或喷溅入眼，无法代替护目镜或防护面屏。

护目镜应舒适，安全贴合，可提供足够的周边视力，并有侧挡板，能从多个角度防止飞溅或喷溅物的污染，可以有效保护眼睛，但不能对面部其他部位提供保护。

在有血液或污染的液体溅出或喷洒风险时，应佩戴防护面屏。防护面屏下端低于使用者下颌，正面及侧面可阻挡液体，佩戴舒适，松紧度可调节，视野清晰，防雾。

（四）防水工作服

防水工作服指回收清洗区清洗器械时穿的防水服，可防止器械清洗过程中飞溅或溢出的液体污染工作人员。

综上所述，因工作过程中可能接触到各类感染性物质，所以应根据工作需要正确选择和穿戴口罩、手套、护目镜或防护面屏，以及防水工作服等个人防护用品。大多数个人防护用品是一次性使用的，使用后作为感染性废物处理。

第二章 口腔器械危险程度分类与处理原则

第一节　口腔器械危险程度分类

1968年E.H.Spaulding（斯伯尔丁）根据医疗器械使用后所致感染的危险程度及其消毒或灭菌要求，将医疗器械分为3类，即高度危险性物品、中度危险性物品、低度危险性物品。2002年，原我国卫生部颁布的《消毒技术规范》中开始使用了这一分类方法。2016年12月，卫生和计划生育委员会颁布的《2016口腔器械消毒灭菌技术操作规范》（WS 506—2016）也将口腔器械分为了高度危险口腔器械、中度危险口腔器械、低度危险口腔器械。此分类可为临床工作中制定器械处理流程提供依据。

一、高度危险口腔器械

高度危险口腔器械（critical dental instruments）是指穿透软组织、接触骨、进入或接触血液或其他无菌组织的口腔器械。各专业主要的高度危险口腔器械如下：

1．口腔种植专业器械　包括种植牙用牙科手机、种植手术器械、种植工具、种植钉等。

2．口腔颌面外科专业器械　包括牙钳、牙挺、牙龈分离器、刮匙、骨凿、牙根分离器、眼科剪、止血钳、持针器、骨膜分离器、挖匙、骨锉、吸引器、咬骨钳、齿镊、组织钳、拉钩、拔牙用牙科手机、手术刀柄等。

3．牙周专业器械　包括洁治器、刮治器、根面锉、牙周探针、超声工作尖、取骨环钻、黏膜环钻、牙周根分叉探针、牙周膜刀、喷砂工作头、牙周手术器械等。

4．牙体牙髓专业器械　包括根管扩大器、根管锉、扩孔钻、根管探针、根管充填侧压器、垂直加压器、电刀头、螺旋充填器、挖匙等。

5．口腔修复专业器械　包括去冠器、排龈器等。

6．正畸专业器械　包括正畸支抗手术用器械。

7．儿童口腔专业器械　包括活髓切断术等手术类器械。

8．其他器械　包括各类牙科钻针、探针等。

二、中度危险口腔器械

中度危险口腔器械（semicritical dental instruments）指与完整黏膜相接触，但不进入人体无菌组织、器官和血流，也不接触破损皮肤和黏膜的口腔器械。口腔各专业主要中度危险口腔器械如下：

超声洁牙机手柄、牙髓活力探测电极、卡局式注射器、银汞合金光滑器、用于舌/唇/颊的牵引器、三用枪头、成形器、成形片夹、开口器、反光板、水门汀充填器、髓针柄、牙髓镊子、清洁台、口角拉钩、根测唇勾、口内X线片夹持器、橡皮障夹钳、拆冠挺、拆冠钳、咬合纸、夹持器、雕刻刀、银汞合金输送器、银汞合金填充器、银汞合金雕刻器、印模托盘、𬌗平面板、垂直距离测量尺、聚醚枪、间距尺、去冠器、印模托盘、种植修复用螺丝刀、棘轮扳手、正畸钳、带环推子、取带环钳、金冠剪、持针器、照相拉钩、开口器、口镜、镊子、器械盘、牙科手机、吸唾器、持片夹等。

三、低度危险口腔器械

低度危险口腔器械（noncritical dental instruments）指不接触患者口腔或间接接触患者口腔，参与口腔诊疗服务，虽有微生物污染，但在一般情况下无害，只有受到一定量的病原微生物污染时才造成危害的口腔器械。口腔各专业主要低度危险口腔器械如下：

牙锤、喷砂壶、含漱药杯、根管长度测量尺、玻璃调拌板、橡皮障支架、打孔器、塑料调拌刀、根测仪锉针夹及线、模型雕刻刀、蜡刀、橡皮调拌碗、调拌刀、技工钳、游标卡尺、刮刀、烫蜡板、抛光布轮等。

第二节 口腔器械的处理原则与要求

复用口腔器械使用后应及时正确处理，以阻止病原微生物在医疗机构及患者间的传播，避免对人及环境造成危害。

一、处理原则

1. 一人一用一处理。
2. 按照器械处理流程分类处理不同危险程度的口腔器械。
3. 特殊感染器械单独处理。

二、处理要求

不同危险程度的口腔器械，其处理要求不同。

1. 高度危险口腔器械　经清洗、消毒、包装后进行灭菌处理，无菌保存（图 2-1，图 2-2）。

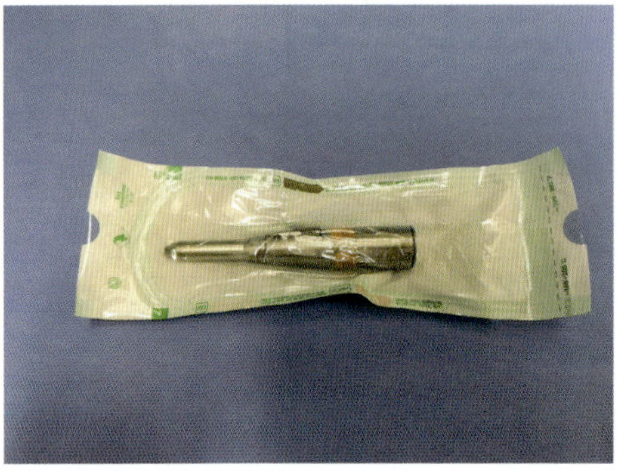

图 2-1　种植手机灭菌后无菌保存

图 2-2　拔除智齿器械灭菌后无菌保存

2. 中度危险口腔器械　清洗后，根据其材质、用途等选择灭菌或高水平消毒。选择高水平消毒处理时，消毒后的中度危险口腔器械可使用清洁干燥的容器存放（图 2-3 ～图 2-5）。属中度危险口腔器械的牙科手机应灭菌，可清洁保存（图 2-6）。不论哪种牙科手机都不应采用高水平消毒的处理方式。

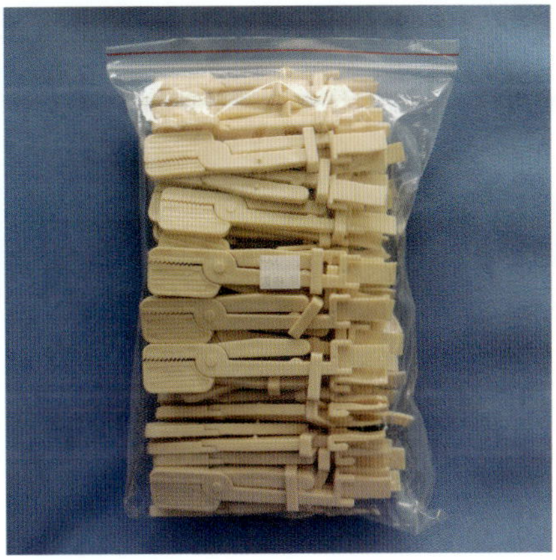

图 2-3　清洁保存的持片夹

图 2-4　清洁保存的橡皮调拌碗

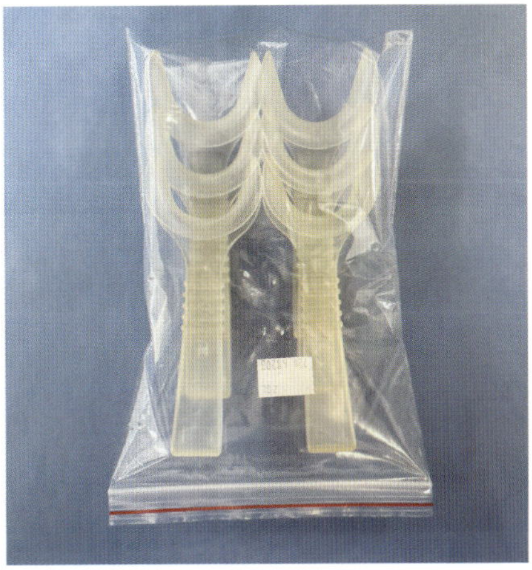

图 2-5　清洁保存的照相拉钩

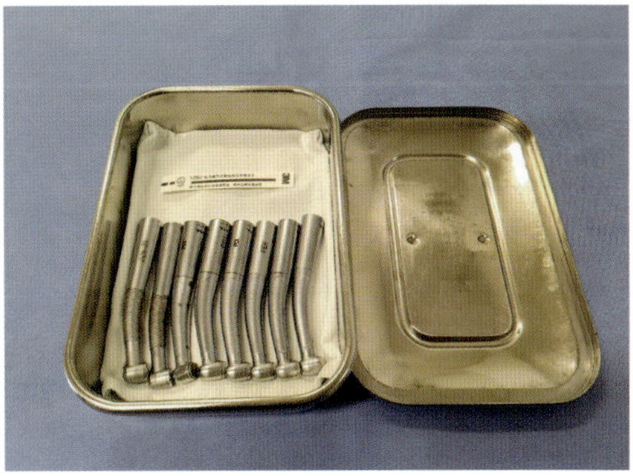

图 2-6　灭菌后清洁保存的牙科手机

3. 低度危险口腔器械　清洗后，根据其材质、用途不同选择合适的物理或化学消毒方法进行中水平消毒或低水平消毒，消毒后放于清洁干燥的容器保存。

第二章 预处理

预处理是器械彻底清洗的前提，包括现场预处理和清洗前预处理。现场预处理指护士在器械使用过程中或使用后的预清洁，以及器械预清洁后的保湿措施等。清洗前预处理是指在常规清洗前进行的预处理，包括冲洗、浸泡等。本章主要介绍使用现场的预处理。

第一节 现场预清洁

口腔治疗产生的血液、唾液、组织碎屑和使用的化学制剂等均可污染口腔器械。为了及时去除附着在器械表面残留的血渍、人体组织或肉眼可见的污物，方便使用和清洗，通常在器械使用过程中或结束后对这类器械物品进行现场预清洁。

一、清洁原则

1．清洁肉眼可见的血液和污渍等。

2．随时清洁，且不影响器械和物品的使用。

3．清洁时做好器械尖端保护，避免发生锐器伤。

4．特殊器械的清洁应遵照厂家说明书进行，如部分内镜器械需通过吸引管反复冲洗残留在管腔内的残渣碎屑。

二、清洁方法

（一）冲洗

用流动水或三用枪头去除器械表面的唾液、血渍或其他污物（图 3-1）。

a．流动水下冲洗拉钩器械表面唾液　　b．流动水下冲洗拔牙钳上血渍

图 3-1　冲洗

（二）擦拭

使用棉球、纱布等敷料擦除器械表面的污渍和剩余材料，必要时可辅助选用含乙醇或酶清洁剂的敷料和清洁用具，如使用清洁台去除螺旋锉针上的组织碎屑（图 3-2）；使用乙醇纱布去除调拌刀工作端剩余的材料（图 3-3）。

图 3-2　用清洁台清洁镍钛锉

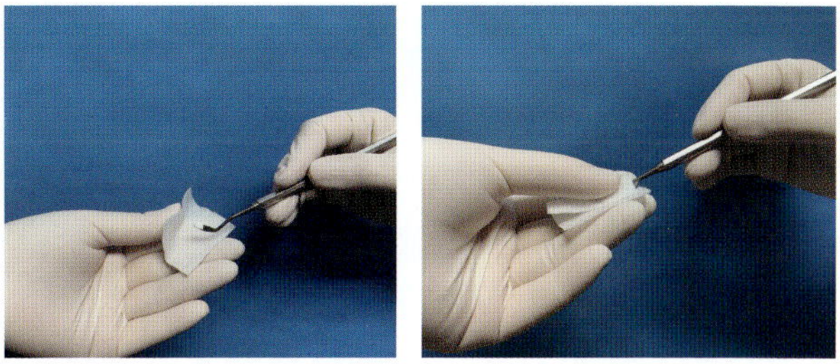

图 3-3　用乙醇棉片擦拭剩余材料

三、注意事项

1．现场预清洁前，要对使用后的物品进行分拣，将复用器械与敷料类，

以及其他一次性物品分开放置，排空容器内盛装的液体，去除器械上的一次性配件。

2．清洁锐利器械时，应注意做好器械工作端的保护，避免尖端弯折。

3．穿戴好个人防护用品，避免职业暴露的发生。

4．冲洗器械时注意避免液体飞溅，不应使用生理盐水冲洗，以免造成器械腐蚀。

第二节 保湿

保湿是保持器械表面有机污物不干涸的预处理措施。在实际工作中，因受到清点、交接、转运等多个环节的影响，工作人员很难立即对使用后的器械进行清洗处理。为避免血渍、生理盐水或其他污渍干涸在器械表面或器械的管腔内，增加清洗难度、腐蚀器械，临床通常先对无法立即清洗的器械进行保湿处理，但保湿不能取代清洗。

一、保湿制剂

常用的保湿制剂有保湿溶液、保湿喷雾、保湿凝胶等。原则上，建议使用专用保湿制剂进行保湿，保湿制剂能防止蛋白质凝固，分解部分有机物，且对器械无腐蚀性，但成本较高，口腔专科门诊使用较少。

临床常选择生活饮用水、酶清洗剂、碱性清洗剂等作为保湿液。生活饮用水能避免器械上的污渍干涸，但无分解污物、保护器械的作用。酶清洗剂或碱性清洗剂保湿时可以分解污物，使用前应按照产品使用说明书正确配制保湿溶液。

二、保湿方法

常见的保湿方法有浸泡法、喷涂法、湿巾覆盖法等。

（一）浸泡法

浸泡法是按将器械浸泡在保湿液中。该方法保湿效果好，为临床最常用的方法（图 3-4，图 3-5）。但浸泡保湿存在如下不足：需大量配置保湿溶液；配备保湿容器；保湿液浓度易受使用频次、时间和器械污染严重程度的影响；易造成交叉感染；长时间浸泡可能导致器械生锈损坏等。

a．使用后的锉针浸泡保湿　　b．保湿结束，带滤网取出锉针

图 3-4　锉针的浸泡

（二）喷涂法

喷涂法是按参考保湿制剂的产品说明书，将配好的保湿喷雾 / 凝胶喷洒在器械表面或管腔内。该方法保湿制剂用量少，运送时不会出现保湿制剂遗洒而造成环境污染。但由于口腔器械多带有关节、细小管腔和螺纹等特殊构造，喷涂法难以喷涂均匀或完全覆盖器械。

（三）湿巾覆盖法

湿巾覆盖法是指将保湿液（一般为生活饮用水）浸湿的毛巾覆盖在器械上，适用于短时间保湿（图 3-6）。由于毛巾上的水分易挥发，且无法保证湿润所有器械表面，临床应用较少。

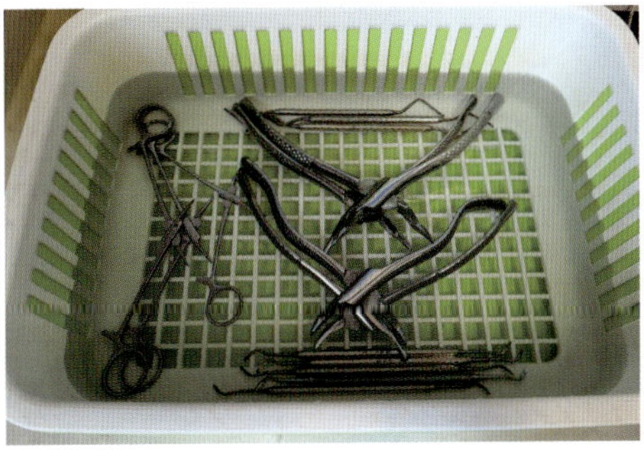

图 3-5　其他器械的浸泡保湿

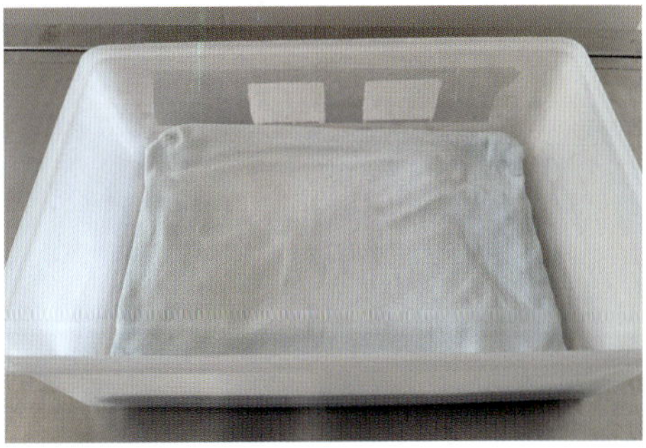

图 3-6　湿巾覆盖法

浸泡保湿和覆盖保湿时，需根据器械的规格和数量配备合适的保湿容器（图 3-7）。容器应密闭，有盖，防渗漏，耐穿刺。浸泡保湿时最好配备专用篮筐或过滤网，便于器械从保湿液中取出并沥干，避免锐器伤（图 3-8）。

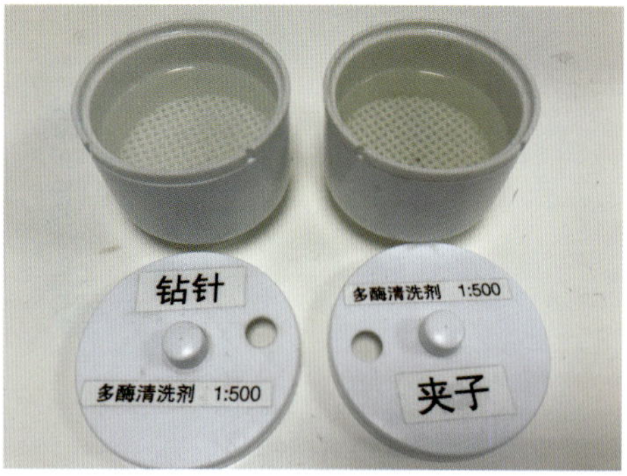

图 3-7　带过滤网的保湿容器

图 3-8　带过滤篮筐的保湿容器

三、保湿的注意事项

1．应在器械上污物未干涸前进行保湿。

2．正确选择保湿制剂和保湿方式。不应选择生理盐水作为保湿液，以免破坏器械表面镀层，加速腐蚀。

3．需要配制后使用的保湿制剂，应按照说明书要求正确配制，以保证有效浓度。

4．保湿时，需打开器械的关节，使所有污染表面与保湿制剂充分接触。

5．浸泡保湿时，应根据污染程度每天至少更换 1 次保湿液，污染较重时，应及时更换保湿液。每日工作结束后保湿容器应清洁干燥备用。

6．锐利器械和精密器械建议分类保湿，以避免锐器伤和器械磕碰的发生。

第四章 回 收

回收是指收集被污染的可复用诊疗器械、器具和物品，将其安全转运至器械处理区的过程。使用后的器械、器具和物品的污染程度和感染性高，应使用专用容器或车辆进行回收，减少交叉感染的风险。回收途中需妥善放置器械，避免器械磕碰。

一、回收原则

1．应使用封闭的回收箱或回收车进行封闭式回收。

2．精密器械回收过程中应采取保护措施。

3．应及时回收，尽早开始清洗，以避免器械上残留或干涸的污渍造成不利影响，如形成生物膜、器械着色、出现腐蚀锈斑及变钝，增加清洗难度。

4．被朊毒体、气性坏疽及突发原因不明的传染病病原体污染的诊疗器械、器具和物品，使用双层封闭包装并标注感染性疾病名称，单独回收处理（图 4-1）。

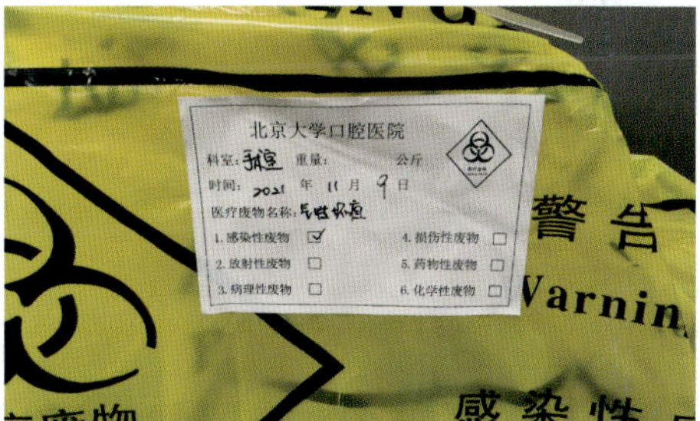

图 4-1　特殊感染器械的封闭包装

二、回收时间与频次

为尽快回收处理使用后的污染器械，临床应根据器械周转频次和消毒人力配置情况制定合理的回收时间和频次。

三、回收路线

设置通行便捷、相对固定的回收路线，尽量避开人流量大的区域。有条件的机构可设置专门的污染电梯或通道，定期消毒，最大限度地减少污物回收对环境的污染和其他人员感染的风险。

四、回收工具

可采用回收车、回收箱或其他密闭容器等工具进行物品回收(图 4-2,图 4-3)。回收工具要有盖或门，形成密闭空间，以减少对环境的污染。其容量应能满足物品的装载需求。如使用回收车，还应定期做好车的维护保养，尤其是车轮处杂物的清洁，减少运输途中车辆倾倒的风险，确保安全。

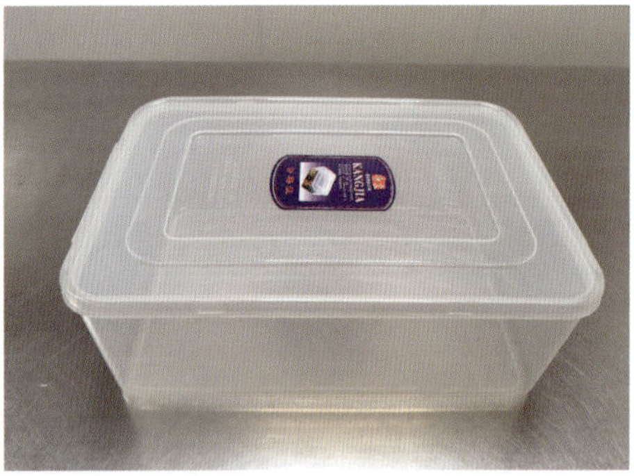

图 4-2　密闭回收箱

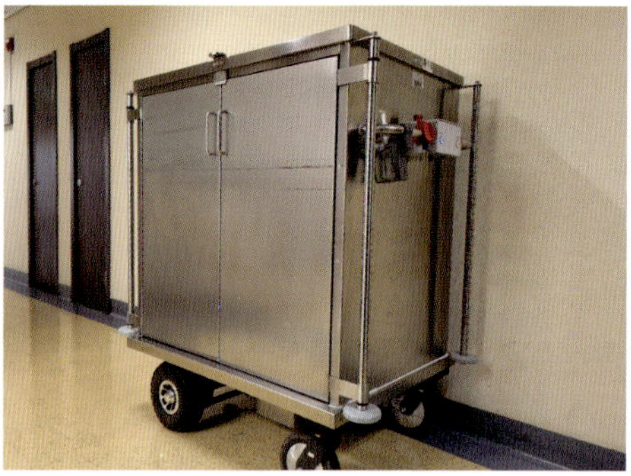

图 4-3　密闭回收车

五、回收的操作要点

1. 工作人员做好个人防护，减少交叉感染的风险。
2. 按规定的时间和路线到科室进行回收。

3．根据器械类型分类回收，妥善放置和固定，保护好工作端，避免磕碰或损坏。

（1）牙科钻针类器械：使用专用容器（盒或架）回收，保护锐利尖端，并与其他器械分开放置，避免锐器伤的发生（图 4-4 ～图 4-7）。

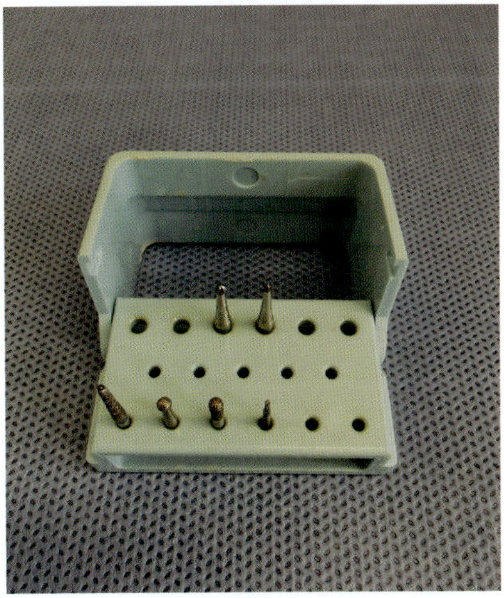

图 4-4 车针架

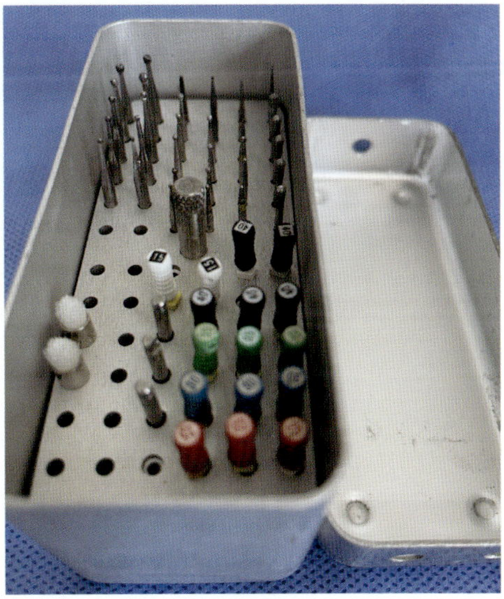

图 4-5 车针盒

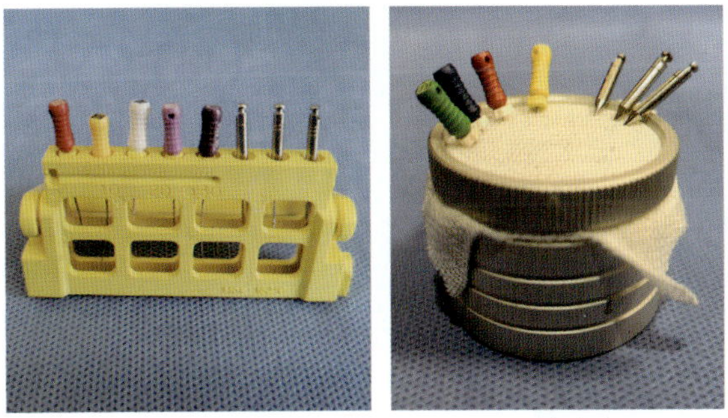

a．锉针架　　b．清洁台

图 4-6 锉针架及清洁台

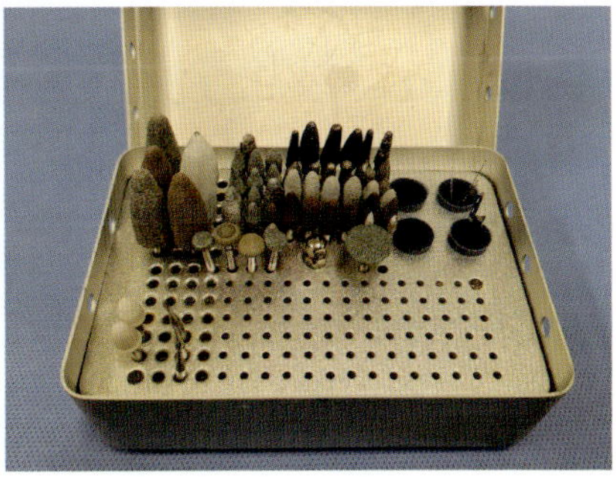

图 4-7 磨石盒

（2）精密仪器：轻拿轻放，使用专用器械盒或专用篮筐回收，并与其他器械分开放置，避免磕碰，如涎腺镜、显微口镜、根管口探针（图 4-8，图 4-9）。

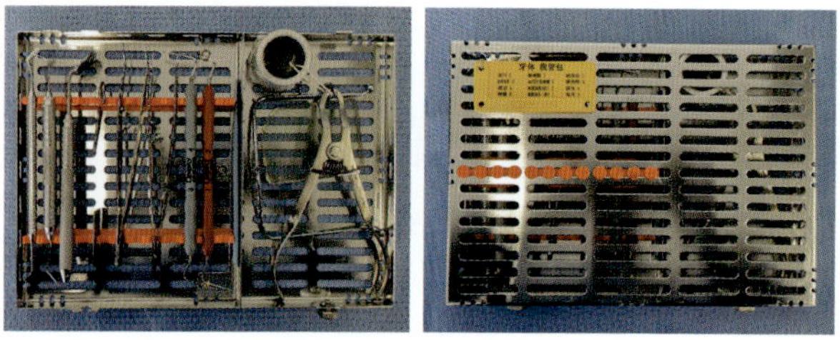

a. 精密锐利器械固定放置　　b. 闭合保护，避免磕碰

图 4-8　精密仪器的放置

图 4-9　涎腺镜专用篮筐保护性回收

(3) 牙科手机：轻拿轻放，使用能保护牙科手机避免发生碰撞的回收容器，与其他器械分开放置（图 4-10，4-11）。

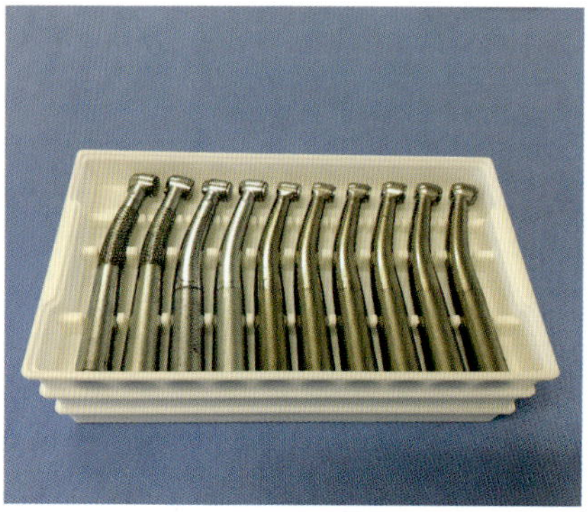

图 4-10　牙科手机回收托盘

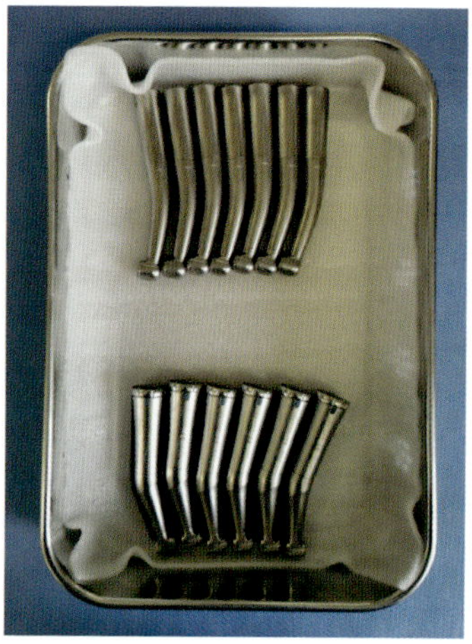

图 4-11　带缓冲材料的器械盒回收牙科手机

(4) 需原位放置的器械：如种植工具盒，应将器械在工具盒内牢固放置后回收，避免器械位置更换或撒落（图 4-12）。

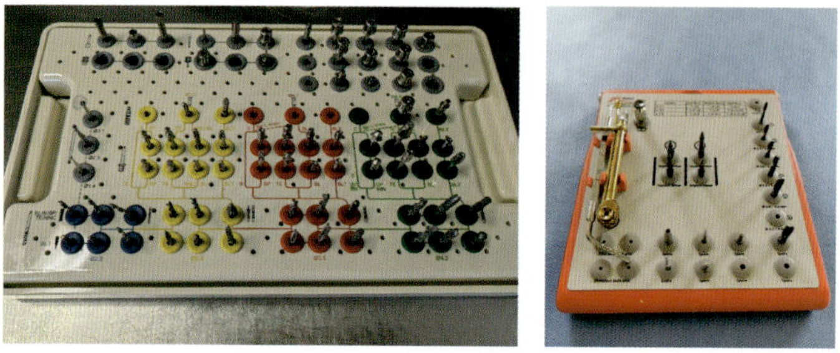

图 4-12　不同的种植工具盒内，器械原位放置

（5）其他器械：分类放置于铺好衬层或缓冲材料的回收盒内回收（图 4-13）。

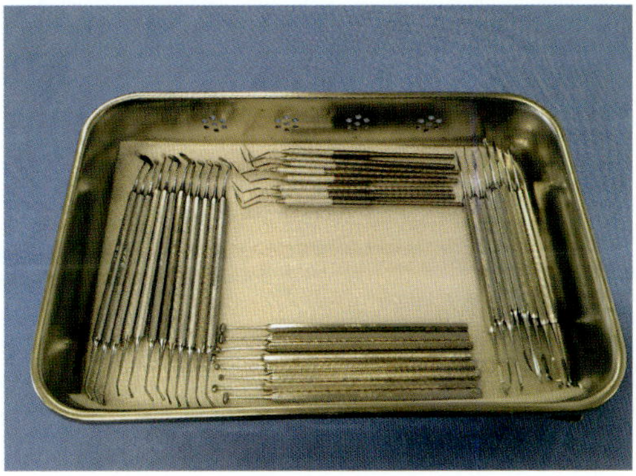

图 4-13　带缓冲材料的回收盒

4．回收完毕，核对、确认信息。

六、注意事项

1．不在诊疗场所进行污染器械的回收和清点，避免反复装卸。

2．转运过程中回收车车门保持关闭状态，确保物品安全（图 4-14）。

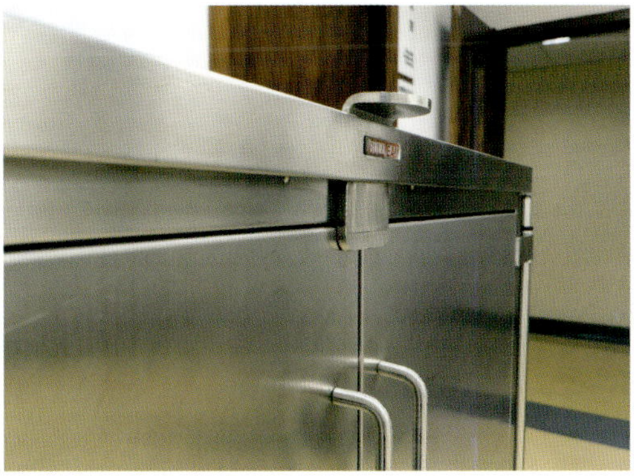

图 4-14　车门保持关闭

3．将器械物品妥善放置，避免倾倒，特别是不同楼宇间或跨院区回收时，避免因路途过长或颠簸造成器械损坏。

4．回收工具须每次使用后清洁、消毒，干燥备用。

第五章 清洗

清洗是去除口腔器械、器具和物品上的有机物和（或）无机污染物，降低生物危害的过程。彻底、有效的清洗是保障消毒、灭菌成功的关键步骤。清洗方式包括机械清洗和手工清洗。

清洗包括冲洗、洗涤、漂洗、终末漂洗 4 个步骤。

冲洗：使用流动水去除器械、器具和物品表面污物的过程。

洗涤：使用含有化学清洗剂的清洗用水，去除器械、器具和物品污染物的过程。

漂洗：用流动水冲洗洗涤后的器械、器具和物品上残留物的过程。

终末漂洗：用经纯化的水对漂洗后的器械、器具和物品进行最终的处理过程。

清洗的质量要求

1．清洗后的器械表面及其关节、齿牙应光洁，无血渍、污渍、水垢等残留物质和锈斑。

2．清洗质量不合格的物品应返回回收清洗区进行重新处理。

3．污染严重的器械尤其是管腔类，应先进行预处理再进行清洗。

第一节 清洗剂与清洗工具

一、医用清洗剂

医用清洗剂是一种化学制剂，可提高医疗器械、器具及物品上的污物清洗效果，其主要功能是去除污物，而不是杀灭微生物，因此清洗剂不具备消毒功能。

（一）特性

1．对人体无毒、无刺激。

2．不与器械发生反应或产生有毒、有害物质；不影响器械的机械性能。

3．不腐蚀清洗设备及其配件。

4．不易残留在器械表面，影响消毒灭菌效果。

5．降解产物不污染环境。

（二）分类

医用清洗剂有碱性清洗剂、酸性清洗剂、中性清洗剂、酶清洗剂。

1．碱性清洗剂　pH ＞ 7.5，对各种有机物有较好的去除作用，对金属腐蚀性小，不会加快反锈现象。碱性清洗剂常用于手工清洗或超声波清洗，pH8 ～ 10.8 的碱性清洗剂的清洗效果优于中性清洗剂和其他表面活性剂（图 5-1）。

2．酸性清洗剂　pH ＜ 6.5，对无机固体粒子有较好的去除作用，能中和碱性清洗剂残留，对金属腐蚀性小，但若用量不当，会造成器械损坏。器械上有难以去除的锈渍时，可选择酸性清洗剂进行清洗（图 5-2）。

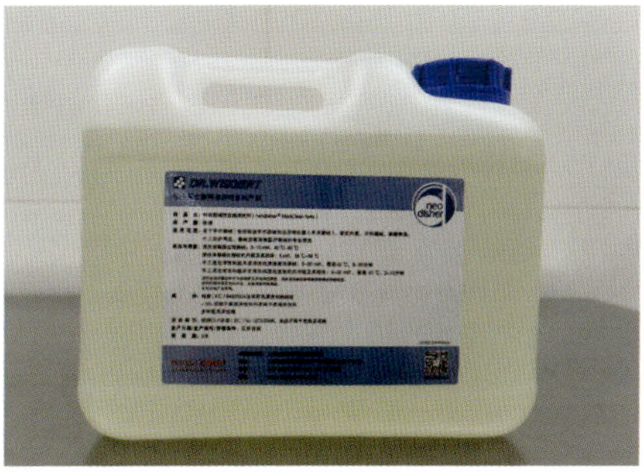

图 5-1　碱性清洗剂

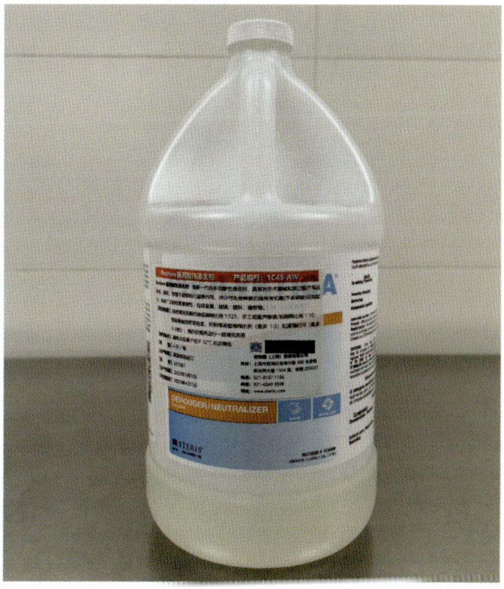

图 5-2　酸性清洗剂

3．中性清洗剂　pH6.5 ～ 7.5，对金属无腐蚀，对表面涂层为阳极氧化铝的器械有较好的保护作用。

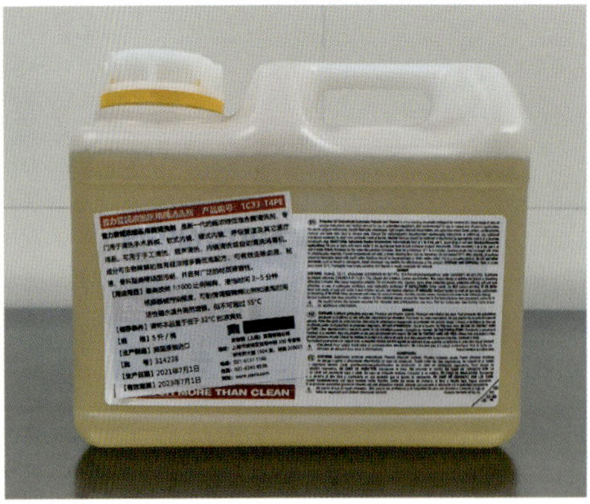

图 5-3　酶清洗剂

4．酶清洗剂　含酶的清洗剂，有较强的去污能力，能快速分解蛋白质、血液、体液等多种有机污染物。若器械上有干涸的血渍或分泌物，先将其放入酶清洗溶液中浸泡，能有效清除污渍，提高清洗效果（图 5-3）。

（三）选择与使用

工作人员应根据器械的材质、常见污染物种类和清洗剂的特点选择合适的医用清洗剂。清洗剂应具备质量检测报告或相应机构的检测认证，如为进口产品，需有质量体系认证表、产品的安全数据表和使用说明书。

二、清洗工具

清洗工具包括手工清洗时用到的长柄毛刷、管腔清洗刷、耐穿刺手套、清洁布、清洁海绵、压力水枪、压力气枪，以及机械清洗时需要的清洗篮架、常规清洗篮筐及精密清洗篮筐等。

第二节　清洗用水

水是器械清洗的重要物质，清洗用水的质量直接影响器械的清洗效果。水中的 Ca^{2+}、Mg^{2+}、Cl^{-} 和重金属等物质可与清洗剂中的某些化学物质相互作用形成沉淀物，降低清洗剂的清洗效果，因此清洗过程应选择合格的水。器械的清洗用水主要包括自来水、热水、软化水和经纯化的水等，在器械的冲洗、洗涤、漂洗和终末漂洗阶段，可以根据清洗的要求选择合适的清洗水源，保证清洗效果。

1．自来水　普通的市政供水，其水质应符合《生活饮用水卫生标准》（GB5749-2006）的要求，菌落数 $\leq$ 100CFU/ml。器械的冲洗和洗涤阶段可选择自来水。

2．软化水　通过软化水处理装置（树脂交换装置）处理后的水。Ca^{2+} 和

Mg^{2+} 是决定水“硬度”的主要因素，自来水通过树脂交换装置，用带正电荷的阳离子树脂（含 Na^{+}）置换水中的 Ca^{2+}、Mg^{2+}，使其浓度即水的硬度明显降低，故称软化水，其硬度＜3.0mmol/L。使用软化水清洗器械可减少因 Ca^{2+}、Mg^{2+} 在器械上附着形成的硬化层，减少器械腐蚀，因此可作为器械的漂洗用水。无经纯化的水时，也可使用软化水作为终末漂洗用水。

3．经纯化的水 是用蒸馏法、离子交换法、反渗透法或其他适宜的方法，去除水中硬化成分、氯化物、重金属、硅酸盐、蒸发残留物等物质后的水，其电导率应≤15 μS/cm（25℃）（图 5-4）。经纯化的水最大限度地去除了水中的矿物质，在清洗过程中不会残留在器械或物体表面形成水渍，也不腐蚀器械及影响灭菌效果，可用于器械的终末漂洗阶段。

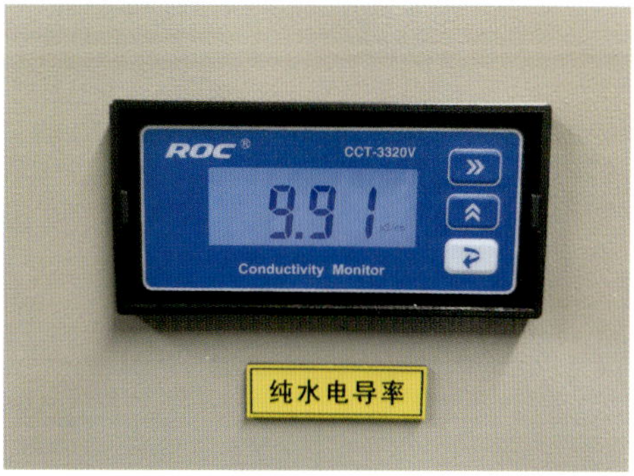

图 5-4 经纯化的水电导率

知识链接

水的电导率

水的电导率是指水传输电流的能力，是指示水中离子电荷含量的依据。电导率越高，说明水中离子电荷越大，也就是水中所含物质越多，会影响器械清洗后的外观，在器械表面形成水渍或其他残留污渍；电导率低，说明水中离子电荷小，即水中所含物质少，有利于清洗。但是电导率并不是越低越好，因为当水被纯化到最高程度时，水会极力从其他来源中（如处理的器械）攫取弱金属，溶入到水中。

第三节 机械清洗

机械清洗是指通过机械清洗设备完成清洗过程。机械清洗设备有超声清洗机、清洗消毒器、负压清洗器、软式内镜清洗消毒机，以及用于清洗人类废弃物容器的清洗消毒器。口腔诊疗机构中常用的机械清洗设备主要是超声清洗机、清洗消毒器和负压清洗器 3 种。

一、超声清洗机

（一）工作原理

超声清洗机是利用超声波发生器发出高频振荡电讯号，通过超声波换能器转换成机械振荡信号，传播到清洗液中，在清洗液中产生“空化效应”，不断冲击被清洗物品的表面，使附着在物品表面及缝隙中的污垢松动、分离、剥落，从而达到清洗效果。

（二）适用范围

超声清洗机适用于带有深孔、盲孔、凹凸槽等结构复杂的器械和物品的清洗，如钻针、吸引管、电刀头、超声工作尖、根管扩大器、根管锉、三用枪头、成形片夹、橡皮障夹等。

超声清洗机不适用于橡胶、软塑料等材质，以及镀铬器械、眼科精密器械、玻璃、木材等物品的清洗。

超声清洗可作为手工清洗或机械清洗前的预处理手段。

（三）优点

1．优点　超声波产生的“空化效应”能对结构复杂、不易拆卸的器械进行清洗，特别是能有效清洗喷淋水流及手工都无法进入的狭小孔洞及器械的缝隙处。

2．缺点　超声波的“空化效应”也会造成“空化腐蚀”，因此长时间进行超声清洗可能造成器械的损坏。

（四）操作步骤

先连接超声清洗机的水路、电源，配制合适比例的清洗液。

1．器械准备　流动水下冲洗器械，初步去除表面大块的污染物（如软组织或血凝块），以免其影响超声机械能的传导，降低清洗效果。

2．放入器械　根据器械的形状和特性选择适宜的清洗篮筐盛放，将篮筐浸没于液面下，置于超声清洗架上（图 5-5）。管腔类器械放入时应缓慢倾斜放入，使管腔内注满水，因为超声“空化效应”只有在液体中才能实现（图 5-6）。将能拆卸的器械拆分到最小单元（图 5-7，图 5-8）。

3．选择频率和时间　根据器械材质选择相匹配的超声频率。低频的范围在 20 ～ 80 kHz，高频的范围是 700 kHz ～ 1MHz。对于普通、污染程度重、质量和体积较大的器械物品一般选用低频率超声清洗；对于精密、轻巧且容易损坏的器械宜选用高频率超声清洗。超声清洗时间为 3 ～ 5 min，不宜超过 10 min，

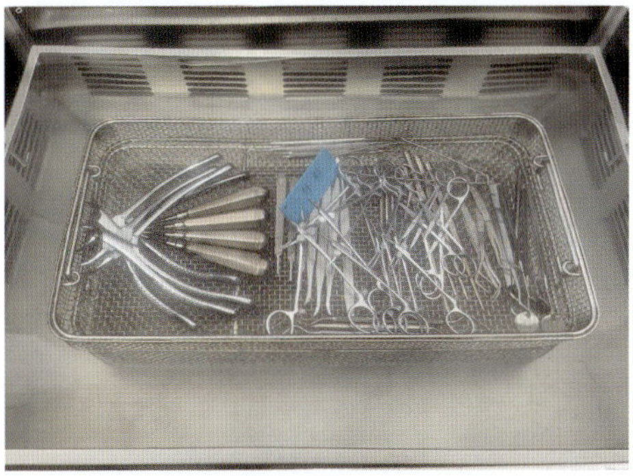

图 5-5 器械完全浸没于液面下

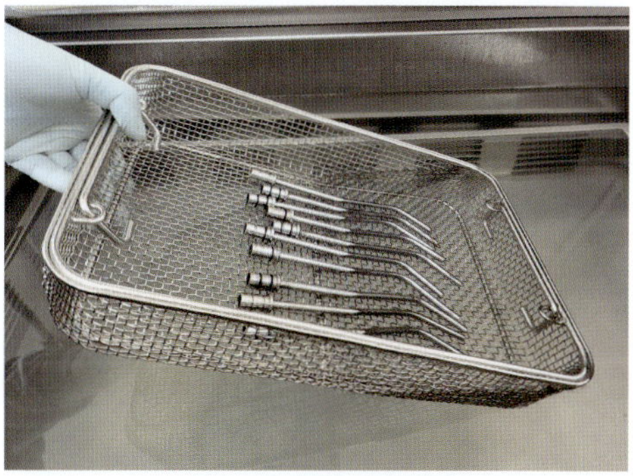

图 5-6 管腔类器械倾斜放入清洗槽内

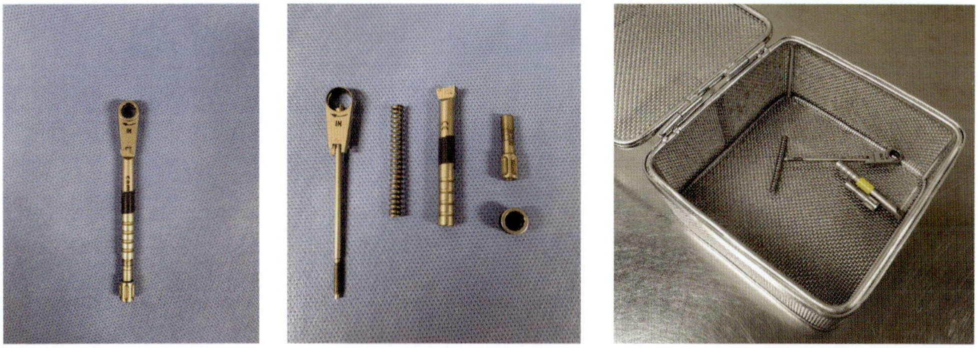

a．种植用扭力扳手　　b．拆卸到最小单元的扭力扳手　　c．密纹筐盛放

图 5-7 扭力扳手的拆卸

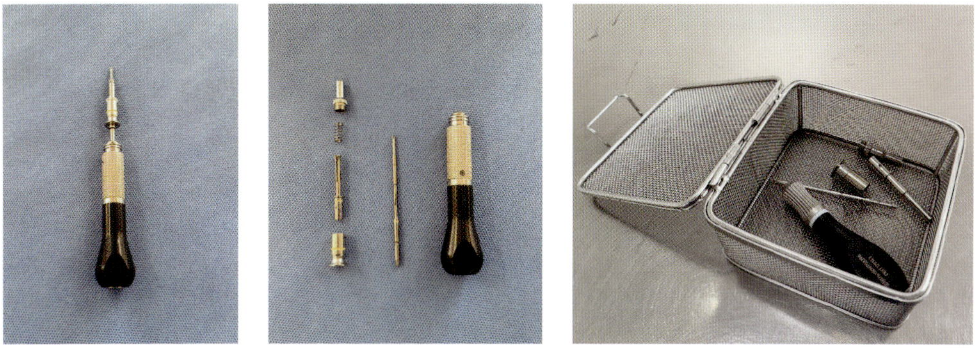

a．改锥　　b．拆卸到最小单元的改锥　　c．密纹筐盛放

图 5-8 改锥的拆卸

以减少“空化腐蚀”对器械的损坏。

4．漂洗 超声清洗结束后，将器械物品从清洗槽内取出，用流动水漂洗器械、器具和物品上的污染物、清洗剂及残留物。

5．终末漂洗　用经纯化的水对漂洗后的器械、器具和物品进行最终处理，防止矿物质、微生物和致热原沉积，进一步提高器械清洁度。因自来水中含有的矿物质、颗粒物、有机物和无机物等杂质，会妨碍清洗和灭菌过程，损坏器械表面，缩短器械的使用寿命，所以建议使用经纯化的水进行终末漂洗。终末漂洗用水电导率应≤ 15 μS/cm（25℃）。

（五）注意事项

1．清洗时应盖好超声清洗器的盖子，降低噪声，并减少气溶胶对环境的污染。

2．超声清洗温度宜≤ 45℃，以最大程度发挥清洗剂活性，提高清洗效果。若水温过高，清洗剂会失去活性，水温过低也不利于清洗剂发挥作用。

3．牙科手机不宜选用超声清洗，因超声清洗会影响牙科手机轴承的平衡稳定，车针夹持力也会受到不同程度的影响。

4．每批次清洗的器械不宜过多，不宜叠放超过 3 in（1 in = 2.54 cm），以保证超声清洗效果，放置时避免器械碰撞损坏。

5．不能将器械直接放于超声清洗槽底部，因为清洗槽底部为换能器，若将器械直接放入底部和换能器碰撞，容易损坏超声清洗机，影响超声清洗效果，而且越接近水面超声波越强，清洗效果越好。

6．不锈钢器械不建议和铝、黄铜、紫铜一起超声清洗。

7．遵循生产使用说明书定期进行超声清洗效果测试，测试方法有铝箔纸测试法、能量瓶测试法等（图 5-9）。

图 5-9　用于检测超声清洗效果的能量测试瓶

二、清洗消毒器

清洗消毒器是用于复用医疗器械、器具及物品清洁和消毒的设备。

（一）工作原理

通过大水流的喷淋冲洗，去除表面的污渍和附着物，达到物品表面洁净的目的，再以 90℃以上的热水循环冲洗，达到消毒效果，然后使用热空气对清洗后物品进行干燥，完成器械的清洗、消毒和干燥。

（二）适用范围

清洗消毒器适用于大部分常规器械的清洗，如耐湿、耐热的门诊器械和手术器械，以及盆、盘、碗等。

（三）优缺点

1．优点　具有自动化、程序化控制的特点，清洗质量标准同质化，且清洗效果易于监测；单位时间内处理器械量大，在一个清洗周期中能顺序完成器械物品的清洗、湿热消毒和干燥，清洗效率高；自动化清洗降低了工作人员接触器械的频率，减少了职业暴露的发生。

2．缺点　需要一次性投入一定的设备成本；设备体积较大，占用空间；喷淋冲洗较难清洗附着于管腔内、器械关节轴、缝隙和齿槽等部位的污物，需对污染较重及特殊构造的器械先进行初步预处理，以保障清洗效果。

（四）操作步骤

1．运行前进行检查　确认水、电、蒸汽均达到设备工作条件；医用清洗剂充足，泵管通畅；舱门开启应达到设定位置，密封圈完整；清洗旋臂转动灵活；喷淋孔及过滤网无堵塞；清洗架进出轨道无阻碍；设备清洁。

2．清洗物品的装载

（1）清洗物品准备：保证物品充分接触水流，达到有效清洗。

1）轴节器械充分打开（图 5-10），可拆卸的部分应拆卸到最小单元，保证器械的每一个部位都进行有效清洗（图 5-11）。

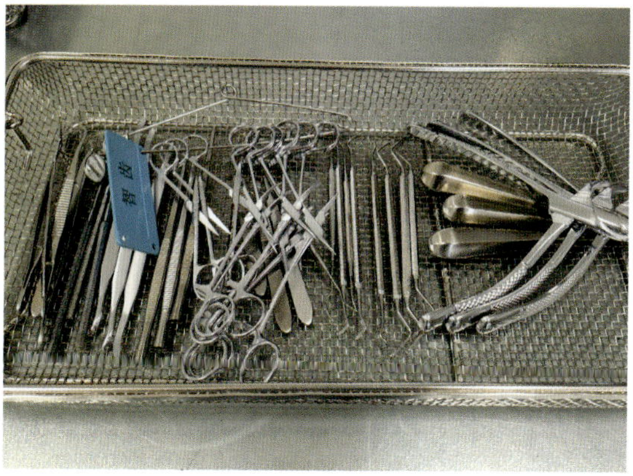

图 5-10　轴节充分打开（拔除智齿器械）

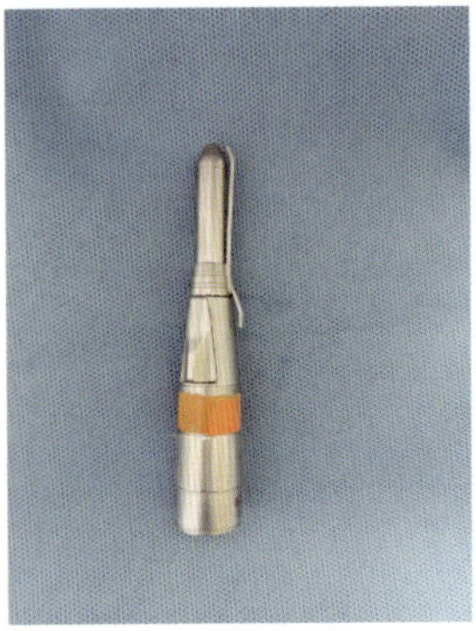

a．种植手机

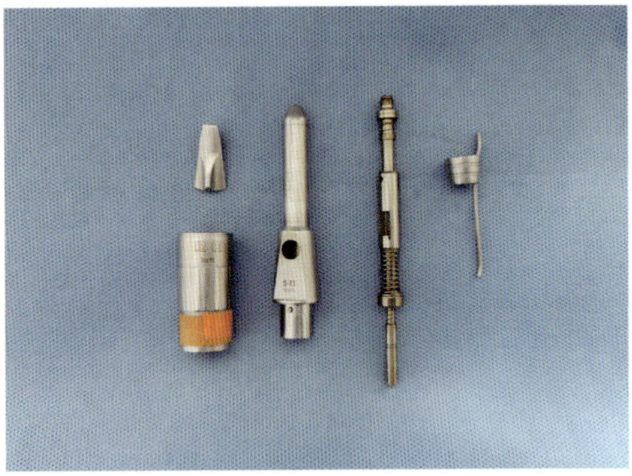

b．拆卸到最小单元的种植手机

图 5-11　种植手机

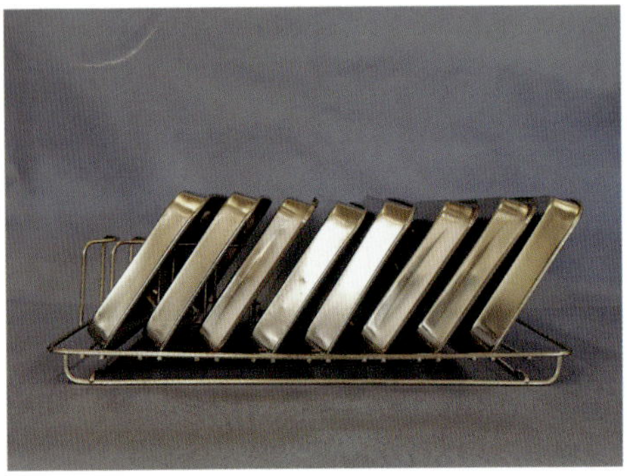

图 5-12　敞口容器开口朝下、倾斜摆放

2）敞口容器开口朝下或倾斜摆放，不可重叠放置，便于水流充分接触物体表面，同时避免留存液体（图 5-12）。

3）精密锐利器械应妥善固定，可使用硅胶条（图 5-13）或硅胶垫（图 5-14）保护。体积小的器械使用精细密纹筐盛放（图 5-15）。确保在清洗过程中精密锐利器械的工作端不会受到损坏，体积小的器械不会丢失。

图 5-13　精密器械使用硅胶条固定，避免散落

图 5-14　刮治器使用硅胶垫保护

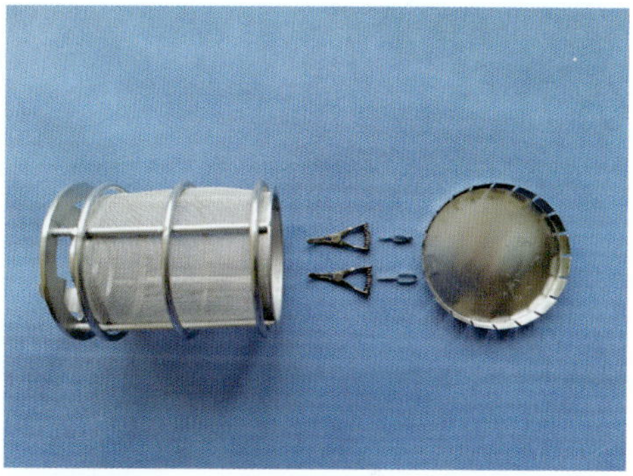

图 5-15 小体积器械使用精细密纹筐，妥善保护，避免丢失

（2）选择清洗架和配件：根据器械类型选择专用清洗架和配件，以保障旋臂正常运行和清洗空间的合理使用（图 5-16，图 5-17）。

图 5-16 器械专用清洗架

图 5-17 器皿专用清洗架

（3）将装载后的清洗架推入清洗舱内，器械物品的高度不应阻碍清洗旋臂的转动，确认后关舱门（图 5-18）。

3．清洗 根据器械物品的类型正确选择清洗程序。清洗消毒器常用的程序有适用于普通器械的“器械程序”，含润滑步骤；适用于盆、盘、碗等物品的“器皿程序”，无润滑步骤；专门适用于牙科手机清洗的“手机程序”等。清洗过程中须及时监测运行参数。

4．卸载

（1）确认参数：清洗结束后，对设备物理参数进行确认并记录；清洗消

图 5-18　检查清洗旋臂是否能顺畅转动

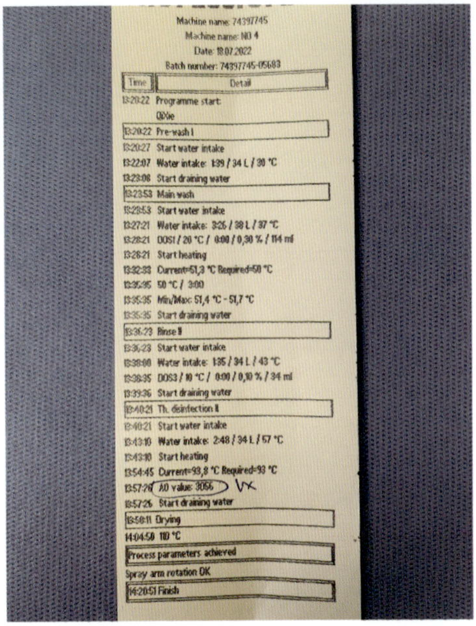

图 5-19　清洗过程物理参数，*A0* 值为 3056

Pre-wash- 预洗，Main wash- 主洗，Rinse II – 漂洗，Th disinfection- 热力消毒，Drying- 干燥，Process parameter achieved- 参数合格，Finish- 结束

毒后直接使用的诊疗器械、器具和物品，温度≥ 90℃，时间≥ 5min，或 A_0 值≥ 3000；清洗消毒后继续灭菌处理的，温度≥ 90℃，时间≥ 1min，或 A_0 值≥ 600（图 5-19）。

（2）卸载器械：确认无误后，检查包装区工作人员开清洗舱门，取出清洗架，检查舱内无遗留器械物品后关闭舱门，将器械物品分类卸载。

5．信息追溯　记录单留存 6 个月以上，以便追踪。

（五）使用注意事项

1．应根据器械材质选择适宜的医用清洗剂。

2．定期检查清洗消毒器的泵管是否通畅，观察清洗剂用量是否准确（图 5-20）。

3．清洗消毒器新安装、更新、大修、更换清洗剂、改变消毒参数或装载方法

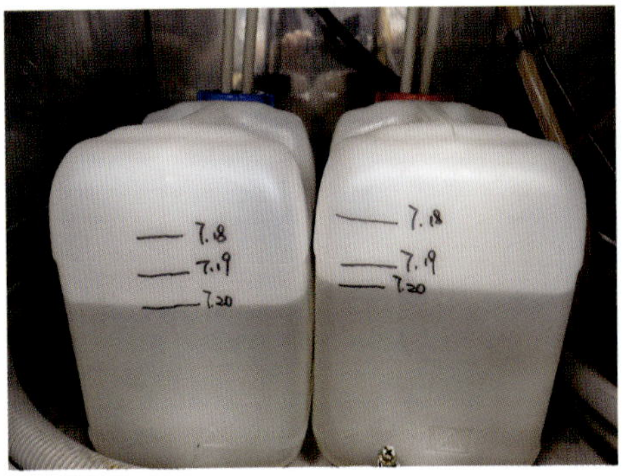

图 5-20　定期观察、记录清洗剂用量

等时，应遵循厂家的使用说明或指导手册进行验证。

4．建议选择同一品牌的清洗剂和润滑剂，以降低不同品牌制剂之间可能发生的化学反应和清洗剂残留，影响清洗和消毒灭菌效果。使用时，应遵照产品说明书设置合适浓度。

三、负压清洗器

（一）工作原理

负压清洗器通过对清洗槽内的清洗液进行加热，利用负压原理将清洗槽内减压，降低清洗液沸点，通过气相脉冲和液相脉冲等阶段冲洗器械表面及管腔内壁的污物。

（二）适用范围

1．金属类　常规手术器械、骨科器械、精密器械和其他结构复杂的器械。

2．管腔类　吸引器、呼吸机管路、腔镜器械等。

3．树脂类　口腔牙片夹、湿化瓶等。

不适用于密闭容器、玻璃器皿、布类等。

（三）优缺点

1．优点　不同种类器械可混合装载，清洗效率高。

2．缺点　无干燥功能，运行过程中不能暂停。

（四）操作步骤

1．运行前检查　确认纯化水水阀、冷凝水阀、蒸汽阀及总电源打开；供水压力、纯水压力和蒸汽压力符合设备要求；清洗剂充足；清洗槽及过滤网清洁无异物。

2．清洗物品的装载　负压清洗时器械物品可混合装载，装载量应适宜，不超过两侧的护臂（图 5-21）。若装载量超出限高，器械不能被清洗液完全浸泡，达不到理想清洗效果；若装载量过少，余留空间过大，导致清洗过程中器械移动幅度大，可能造成器械损坏。

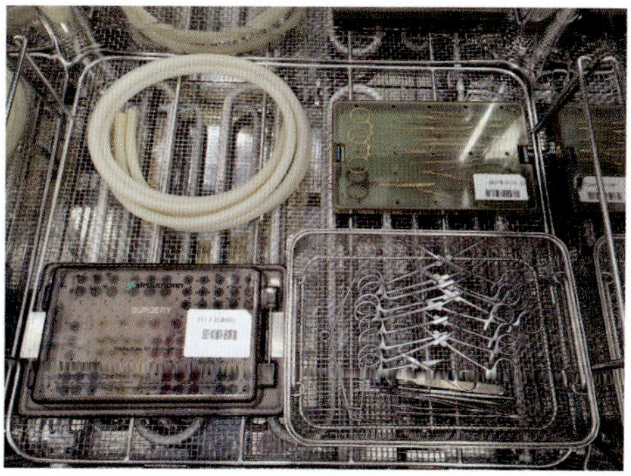

图 5-21　混合装载

普通器械无需层架，分拣后直接放入，轴节器械全部打开，可拆卸的器械

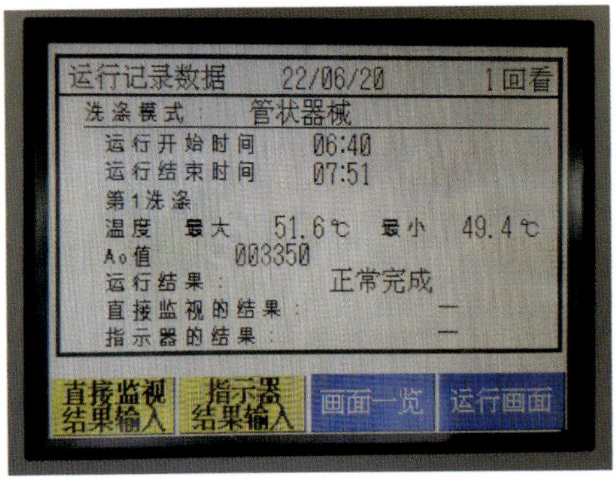

图 5-22 清洗过程物理参数

拆卸到最小单元。管腔类器械初步处理后直接放入。精密器械和锐利器械（如口腔种植器械盒、咬合器械盒等）使用有孔器械盒保护、固定，可将连同器械盒一同放入。细小器械应放入带盖密纹筐内。

3．清洗　装载后盖上压网，关闭舱门，根据生产厂家说明书设定清洗程序及参数（图 5-22）。

4．卸载　运行结束后确认参数并记录。打开舱门，洗手或快速手消毒后，将器械取出，并干燥，关闭运行开关及蒸汽阀门。

（五）注意事项

1．清洗剂应无泡，防腐蚀。

2．每天清理、清洗槽底部过滤网，以免堵塞影响设备正常使用。

3．参照设备说明书进行定期维护保养。

第四节　手工清洗

一、原理

手工清洗是借助工作人员手工刷洗时的摩擦力去除器械上的污渍，达到清洗效果。与机械清洗时的固定参数（如机械力、时间）相比，手工清洗无法进行过程验证。

二、适用范围

1．不具备机械清洗条件时。

2．精密、复杂器械、管腔类器械及有机物污染较重器械的初步处理。

3．反光板等易碎物品、超声洁治手柄，以及不能浸泡在水中的带电源器械的清洗。

三、优缺点

1．优点　可根据器械结构或污染情况进行针对性的、个性化的处理。

2．缺点　受工作人员体力、情绪、工作时长等因素影响较大，清洗质量不稳定；易造成人员针刺伤、喷溅污染环境，增加职业暴露风险；工作效率相对较低，需投入较大人力成本。

四、操作步骤

手工清洗的步骤分为冲洗、洗涤、漂洗和终末漂洗。洗涤时可根据器械材质和是否耐湿选择浸泡、擦洗、擦拭、刷洗等方法。

1.防护准备　工作人员按照标准预防的要求正确选择和穿戴个人防护用品，如口罩、耐穿刺手套、护目镜或防护面屏、一次性圆帽、防水工作服和耐穿刺防水工作鞋等。

2．清洗用物准备　配备不同规格的毛刷、管腔清洗刷、清洁布、清洁海绵、压力水枪、压力气枪，现用现配的清洗溶液。

3．冲洗　使用流动水或压力水枪初步去除器械、器具和物品上的污染物，以更好地提高下阶段的清洗效果。

（1）普通轴节类器械全部打开，可拆卸器械要拆卸到最小单元。

（2）管腔类器械使用流动水或压力水枪冲洗外表面及内腔（图 5-23）。

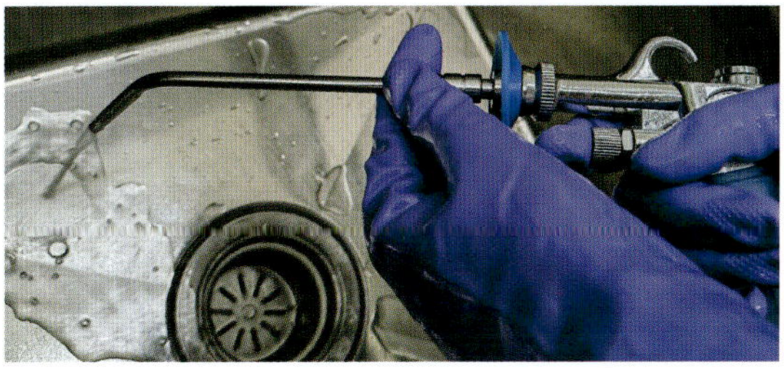

图 5-23　压力水枪冲洗吸引器

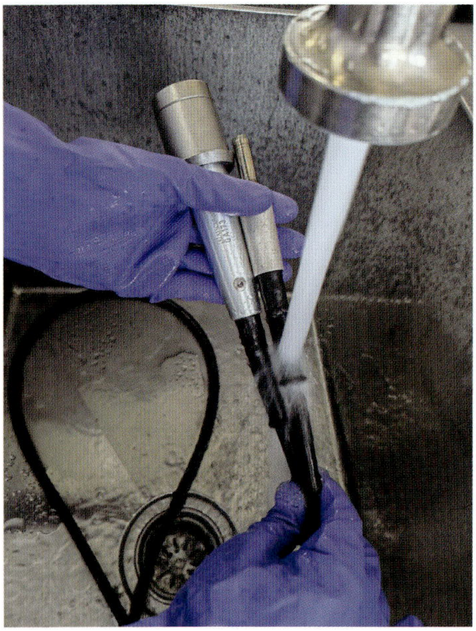

图 5-24 冲洗带电源器械

（3）带电源器械（如超声洁治手柄，导线）冲洗时避开电源端，防止发生短路故障（图 5-24）。

（4）精密、贵重器械与普通器械分开处理。处理时应妥善固定。

（5）反光板、面反射口镜等易划伤表面的器械，应单独冲洗。

污染较重或污染物干涸的耐湿器械宜先使用清洗剂浸泡后再洗涤。浸泡时应打开器械轴节，将器械完全浸没于液面下。清洗剂根据污染程度及时更换。

4．洗涤 冲洗后选用医用清洗剂进行刷洗，手工清洗剂应低泡易漂洗，按照说明书配制合适的浓度。浓度合适的清洗溶液有助于水分子渗透，破坏污垢与器械之间的黏附力，达到理想的清洗效果。

（1）刷洗：刷洗时按照器械的纹理方向“来回往复”刷洗，不应使用圆形画圈式的动作，以防止刮伤器械表面（图 5-25）。对于无机物污染（锈渍、锈斑、锈点）的器械，应先浸泡于酸性清洗剂中去除锈渍，然后进行刷洗。

管腔类器械浸泡后在液面下刷洗外表面，并使用合适管腔清洗刷反复贯通式刷洗内腔至洁净（图 5-26）。

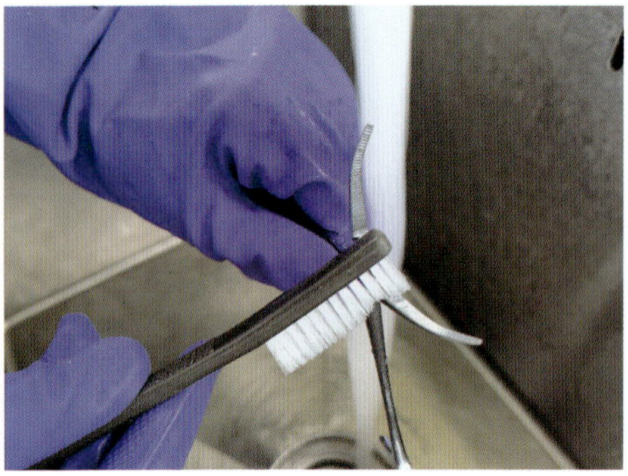

图 5-25 顺着沟槽的方向来回往复刷洗

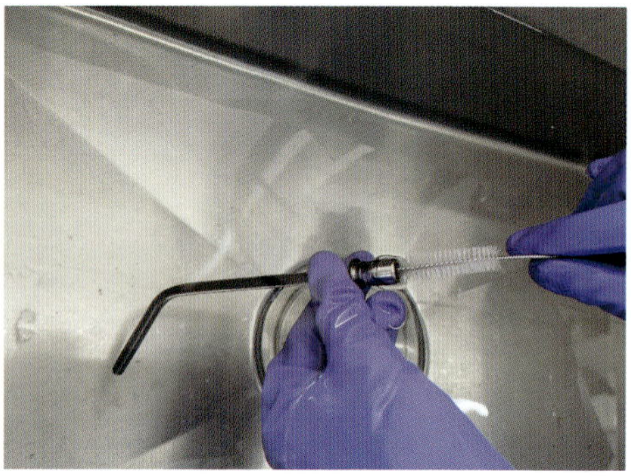

图 5-26 吸引器贯通式刷洗

精密贵重器械浸泡后在液面下刷洗外表面、轴节及凹槽处，顺纹理方向“来回往复”刷洗至洁净。

(2)擦洗：带电源器械(超声洁治手柄、导线)避开电源端浸泡后用清洗工具擦洗表面，不易清洗的缝隙用棉签蘸清洗液擦拭(图 5-27)。

反光板浸泡后在液面下使用清洗海绵等清洗工具擦洗表面。

(3)擦拭：使用清洁布擦拭器械表面。

5．漂洗　用流动水冲洗洗涤后器械、器具和物品上的污染物，以及清洗剂的残留。各类器械的漂洗方法同冲洗步骤。

6．终末漂洗　用经纯化的水对漂洗后的器械、器具和物品进行最终处理。各类器械的终末漂洗步骤同冲洗。

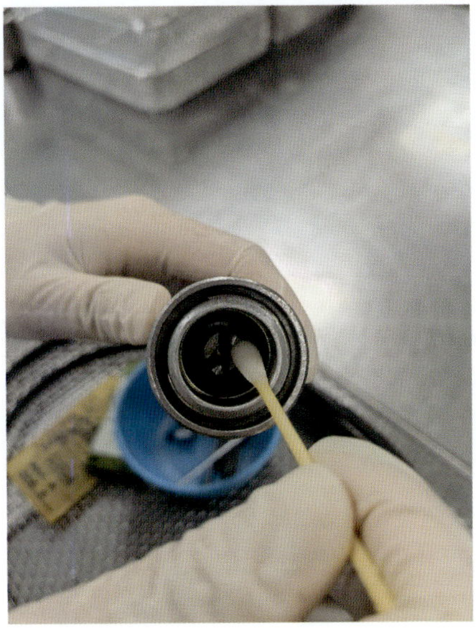

图 5-27　用湿棉签擦拭不易清洗的缝隙

五、手工清洗的注意事项

1．手工清洗时应穿戴好个人防护用品，选用长柄刷使工作人员的手远离锐利器械，以减少职业暴露的发生。

2．手工清洗时水温宜为 15 ～ 30℃。高温容易导致蛋白质凝固，低温则无法激活清洗剂活性。

3．刷洗操作应在水面下进行，防止产生气溶胶。

4．管腔器械应先选用专用的管腔清洗刷清洗内腔，再用压力水枪冲洗管腔内壁(水枪压力应在 200 ～ 250 Pa)。清洗刷直径与管腔器械内径相适宜。如果直径过大，则不易进入管腔内部。如果直径过小，则不能完整地接触管腔内壁，不能彻底清除污垢。同时，管腔清洗刷的长度应大于管腔器械的长度，以便贯通整个管腔(图 5-28，图 5-29)。

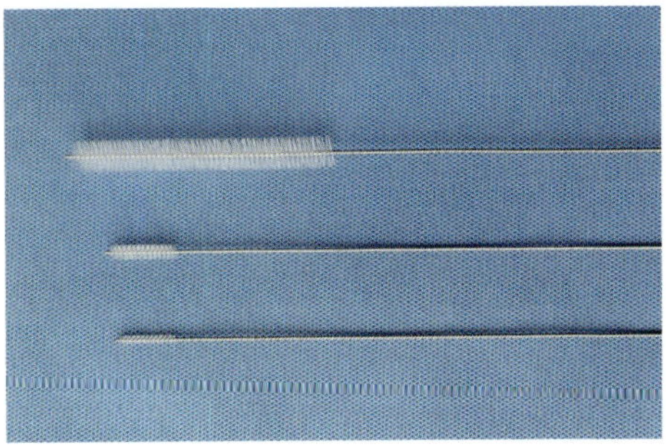

图 5-28　不同规格的管腔清洗刷

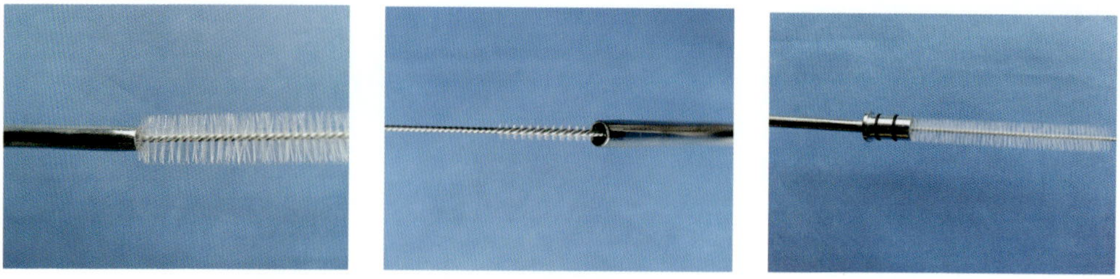

a．管腔清洗刷过粗　　b．管腔清洗刷过细　　c．管腔清洗刷型号匹配

图 5-29　选择合适的管腔清洗刷

5．体积小易丢失的器械浸泡时选择专用清洗篮筐盛放，清洗槽出口宜选择匹配的活塞堵住，避免小器械丢失。

6．不应使用研磨型清洗材料和清洗工具（如五洁粉、钢丝球）用于器械处理。以免刷洗时刮伤器械表面，引起或加速腐蚀。

7．清洗工具使用后应消毒，干燥备用。以免清洗工具上残留的污垢成为污染源。

第五节　清洗效果监测

在检查包装前应目测和(或)借助带光源的放大镜进行器械清洗效果的检查。清洗后的器械表面及关节、齿牙应光洁，无血渍、污渍、水垢等残留物质和锈斑。彻底有效的清洗能去除病原微生物，降低器械上的生物负载，保证患者和使用者的安全。若污物未得到及时、彻底的清洗，易造成灭菌不合格，引发院内感染。同时，也会降低器械使用寿命，增加成本消耗。

清洗效果监测包括清洗后器械物品的清洁度监测，即器械清洗效果监测，以及清洗设备的性能监测。监测方法包括日常监测和定期监测。

一、器械清洗效果监测

（一）日常监测

目测或借助带光源的放大镜对清洗消毒后的每一件器械进行检查，确认清洗效果合格（图 5-30，图 5-31）。清洗不合格的器械应重新处理（图 5-32）。

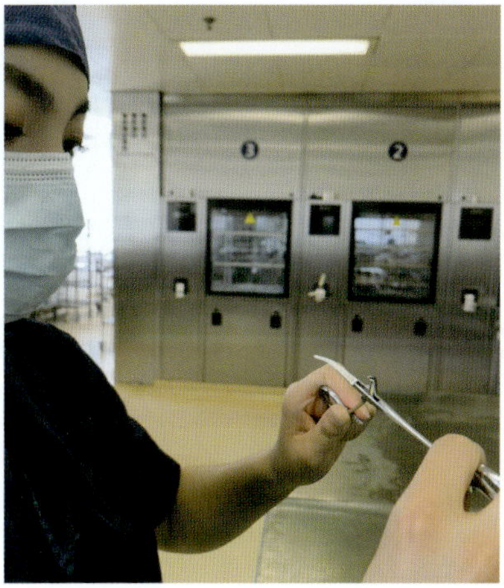

图 5-30　目测清洗效果

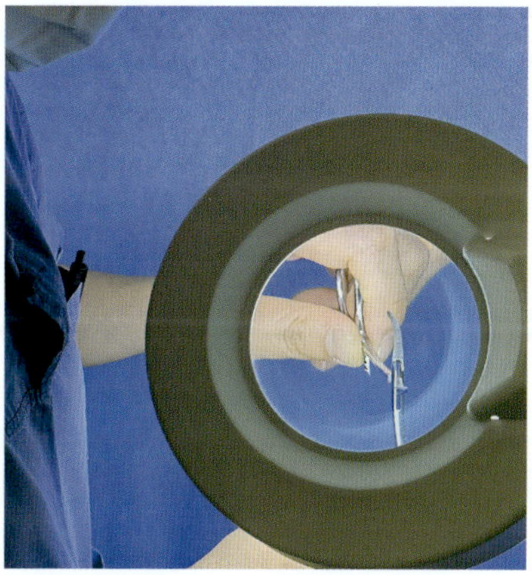

图 5-31　光源放大镜下检查

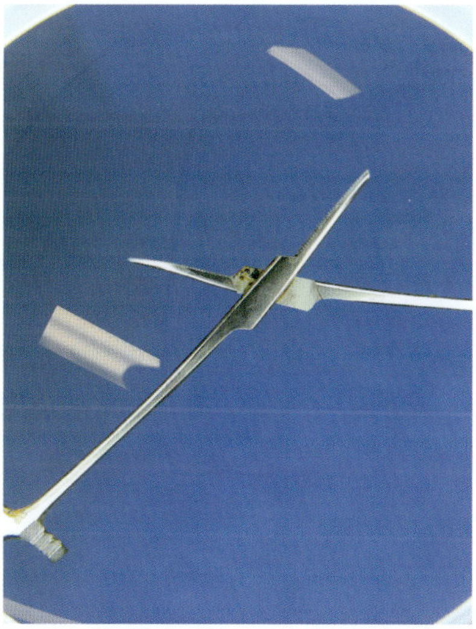

图 5-32　光源放大镜下检查到污染器械

（二）定期监测

1．每月应至少随机抽查 3 ～ 5 个待灭菌包内全部物品的清洗质量，器械表面及关节、齿牙应光洁、无血渍、污渍、水垢等残留物质和锈斑。记录监测结果。

2．定期采用定量检测的方法，如 ATP（三磷酸腺苷）生物荧光测试法、蛋白质残留测定法，对诊疗器械、器具和物品的清洗效果进行评价。

（1）ATP 生物荧光测试：是一种检测清洗质量的方法，ATP 是含高能磷酸键的有机化合物，存在于所有活的生物细胞中。ATP 生物荧光测试的原理是基于在存在 ATP 的条件下，试剂中的重组体荧光素酶可催化底物发出荧光，其强度与微生物浓度呈线性关系。因此通过测定荧光信号的强度即可推断出待检测的物品被细菌污染的程度，即物品清洗后的清洁程度。

（2）蛋白质残留测定法：血液、蛋白质等是医院有机物污染中的主要成分，黏附性强，且血液中的主要成分为血红蛋白，因而残留的蛋白质测定是也评价清洗效果的常用方法。测试蛋白质残留的方法有茚三酮法、双缩脲法、邻苯二甲醛 OPA 法等。

二、设备清洗性能监测

（一）日常监测

应每批次监测清洗消毒器的物理参数（如温度、时间）等运行情况，并及时记录。

（二）定期监测

1．可采用清洗效果测试物对清洗消毒器进行定期监测，用于验证其清洗效果和设备性能。

2．当清洗物品或设备程序发生改变时，也可采用清洗效果测试物进行监测。

3．使用清洗效果测试物时应遵循厂家的使用说明或指导手册（图 5-33）。

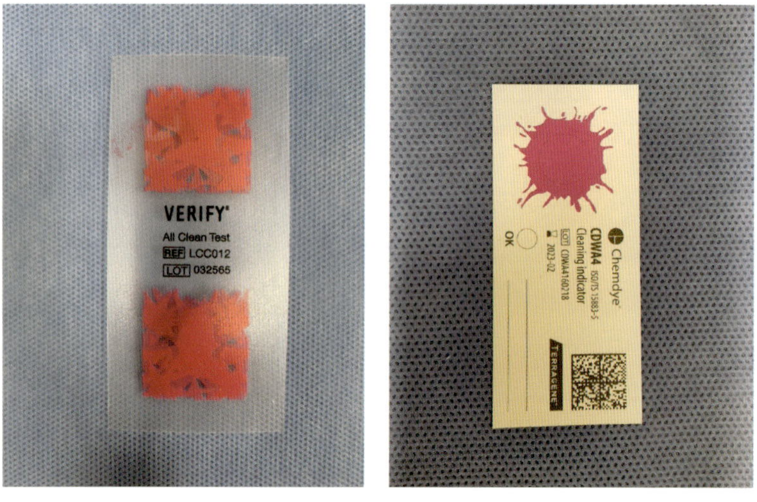

图 5-33　不同种类的清洗测试物

第六章

消毒与干燥

第一节 消毒

消毒是指清除或杀灭传播媒介上的病原微生物，使其达到无害化的处理。消毒可以进一步降低清洗后器械、器具和物品上的生物负载，消除和杀灭致病菌，使其达到安全水平。为保障消毒效果，器械物品消毒前应进行清洁（特殊感染器械除外）。

一、消毒剂

消毒剂是能杀灭传播媒介上的微生物并达到消毒要求的制剂。

（一）分类

根据消毒剂的消毒能力可分为高水平消毒剂、中水平消毒剂和低水平消毒剂。

1．高水平消毒剂　指杀灭一切细菌繁殖体、分枝杆菌、病毒、真菌及其孢子和绝大多数细菌芽胞的消毒剂。临床常用的高水平消毒剂有含氯制剂、二氧化氯、邻苯二甲醛、过氧乙酸、过氧化氢、臭氧、碘酊等。

2．中水平消毒剂　指杀灭除细菌芽胞以外的各种病原微生物（包括分枝杆菌）的消毒剂。临床常用的中水平消毒剂有碘类消毒剂（碘伏、氯己定碘等）、醇类和氯己定的复方、醇类和季胺盐类化合物的复方、酚类等，如次氯酸钠、碘伏、复合碘、75% 乙醇。

3．低水平消毒剂　指能杀灭细菌繁殖体（分枝杆菌除外）和亲脂病毒的化学消毒剂。临床常用的低水平消毒剂有季胺盐类消毒剂（苯扎溴铵等）、双胍类消毒剂（氯己定）等。

（二）选择与使用

消毒剂应符合《医疗器械消毒剂卫生要求》（GB/T 27949—2011）的要求，且对器械腐蚀性较低。临床可根据污染的微生物类型选择合适的消毒剂。

二、消毒水平

根据杀灭微生物种类的不同可将消毒能力分为 3 类，高水平消毒、中水平消毒和低水平消毒。

高水平消毒指能杀灭一切细菌繁殖体、分枝杆菌、病毒、真菌及其孢子和绝大多数细菌芽胞。

中水平消毒指能杀灭除细菌芽胞以外的各种病原微生物（包括分枝杆菌）。

低水平消毒是指能杀灭细菌繁殖体（分枝杆菌除外）和亲脂病毒。

三、消毒方法

消毒过程的有效性受到微生物种类与数量、消毒剂浓度与作用时间、待消毒物品表面有机物或其他污物的量等多种因素影响。消毒的方法有物理消毒和化学消毒。

（一）物理消毒

物理消毒是利用物理因素消除病原微生物的方法，主要包括自然净化、过滤除菌、湿热消毒等。湿热消毒是利用湿热使菌体蛋白质变性或凝固，酶失去活性，代谢发生障碍，致使细胞死亡。湿热消毒是耐湿、耐热器械首选的消毒方法。常用的湿热消毒法为机械热力消毒和煮沸消毒。

1. 机械热力消毒

（1）适用范围：适用于耐湿、耐热的器械和物品。机械热力消毒过程中可杀灭抵抗力较低的亲脂病毒，也能杀灭绝大多数抵抗力高的细菌芽孢，可完成低水平消毒、中水平消毒和高水平消毒。

（2）操作方法：根据器械物品的下一步流向，选择不同的湿热消毒参数。消毒后直接使用器械物品和消毒后需继续灭菌处理的参数设置如表 6-1 所示。

表 6-1　不同处理要求的湿热消毒参数设置

湿热消毒方法	温度（℃）	最短消毒时间（min）
消毒后直接使用	93	2.5
	90	5
消毒后继续灭菌处理	90	1
	80	10
	75	30
	70	100

使用全自动清洗消毒器进行机械清洗时，在程序中设定“消毒”阶段水的温度和持续时间，使消毒效果达到预设水平。分别达到高、中、低水平消毒的湿热消毒时的温度、时间应符合表 6-2 的要求。

表 6-2　不同消毒水平对应的温度与时间

消毒水平	温度（℃）	最短消毒时间（min）
高水平消毒	93	2.5
	90	5
中水平消毒	90	1
	80	10
	75	30
	70	100
低水平消毒	80	1

（3）消毒效果监测：

1）日常监测：使用时应记录每次消毒的参数（温度、时间或 A_0 值），参数应符合《医院消毒供应中心　第 2 部分：清洗消毒及灭菌技术操作规范》（WS 310.2—2016）要求（图 6-1）。

2）定期监测：应每年检测清洗消毒器的温度、时间等主要性能参数，结果应符合厂家的使用说明或指导手册的要求，并记录。

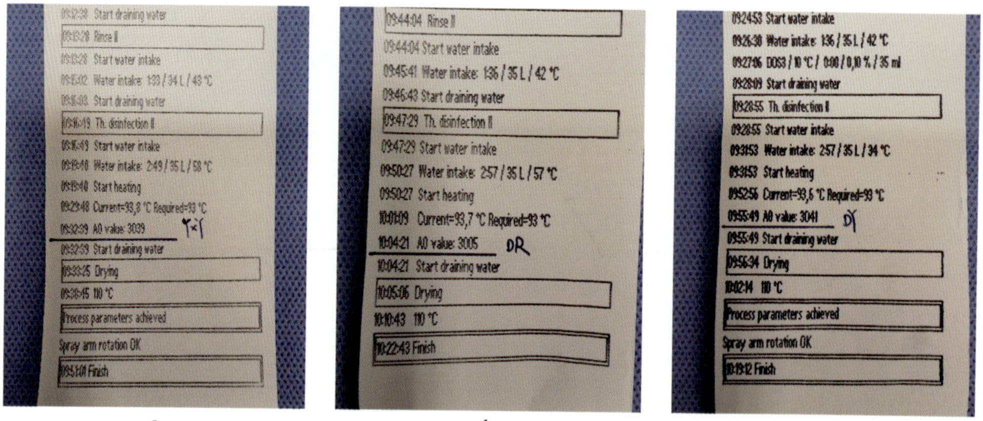

a. b. c.

图 6-1 记录每次消毒参数

知识链接

A_0 值

A_0 值是一个数值，是评价湿热消毒效果的指标，根据数值的大小可直接判断湿热消毒效果为低水平消毒（$60 \leqslant A_0 < 600$）、中水平消毒（$600 \leqslant A_0 < 3000$），还是高水平消毒（$A_0 \geqslant 3000$）。A_0 值可以通过设定湿热消毒时的温度和持续时间获得。若 A_0 值设为 600，对应的消毒温度和持续时间是 80℃，10 min；或者 90℃，1 min。若 A_0 值设为 3000，对应的消毒温度和持续时间是 90℃，5 min；或者 93℃，2.5 min。

实际工作中，机械热力消毒结束后的 A_0 值不一定恰好是 3000，常大于此数值。

（4）注意事项：严格执行湿热消毒的各项操作规程，避免烫伤。

（二）煮沸消毒

1．适用范围　煮沸消毒适用于金属、玻璃制品或其他耐热、耐湿物品的消毒。在无全自动清洗消毒器的情况下，手工清洗后或超声清洗后的器械，可选择煮沸消毒器进行物理消毒，设定温度为 90℃，消毒时间 1 min 或 5 min，以达到中水平消毒或高水平消毒的要求（图 6-2）。

2．操作方法　使用煮沸消毒器进行湿热消毒时，在程序中设定消毒时水的温度和持续时间，使消毒效果达到预设水平，根据物品的处理要求，分别达到高、中、低水平消毒的湿热消毒时的温度、时间应符合表 6-1 的要求。

3．消毒效果监测

（1）日常监测：使用后记录每次的消毒时间及温度。

（2）定期监测：参考设备使用说明书定期进行检测。

4．注意事项　消毒时间是从水沸腾时开始计时，中途加入物品应重新计时；消毒的物品应全部浸没于水中；可拆卸物品应拆开；煮沸消毒用水不应使用自来水，以免器械表面残留水垢。

图 6-2　煮沸消毒器

（三）化学消毒

化学消毒是指利用化学消毒剂杀灭或抑制微生物生长繁殖的方法。化学消毒不需要复杂的器械和设备。

1．适用范围　无法进行湿热消毒的器械。

2．消毒剂的选择　根据器械物品上污染微生物的种类、数量选择合适的化学消毒剂及消毒方式，不同的化学消毒剂有不同的适用范围（表 6-3），常用的化学消毒剂有 75% 乙醇、含氯制剂、酸性氧化电位水等。

表 6-3　消毒剂适用范围举例

消毒剂	适用范围	物品举例	消毒方式
75% 乙醇	器械物品的表面	听诊器、体温表、血压计袖带、反光板、精密器械等	浸泡或擦拭
含氯制剂	织物、玻璃制品、塑料、橡胶类等	引流瓶、回收箱等	浸泡或擦拭
酸性氧化电位水	不锈钢手术器械、物体表面	常规手术器械、内镜、回收箱等	冲洗或浸泡
戊二醛	不耐热的诊疗器械	内镜、3D 打印模型等	浸泡
邻苯二甲醛	不耐热的诊疗器械	喉镜、内窥镜等	清洗或浸泡

3．操作方法　根据化学消毒剂产品说明书，正确配制合适的消毒剂浓度，对物品进行浸泡或擦拭时，应保证足够的浸泡时间或擦拭次数。

4．浓度监测　化学消毒剂的使用过程中应根据消毒剂的种类、特点定期检测消毒剂的浓度、消毒时间和消毒时的温度，并记录，结果应符合该消毒剂的规定。

（1）含氯制剂：使用消毒剂浓度测试卡与比色卡进行比较，颜色一致说明配制后的消毒液浓度达到预设水平（图 6-3）。

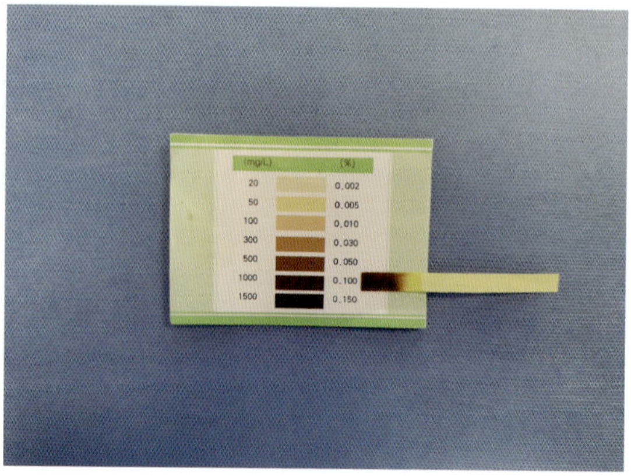

图 6-3　含氯消毒剂浓度测试对比

（2）乙醇：用比重计监测使用中的乙醇浓度，不应低于 70%（图 6-4）。

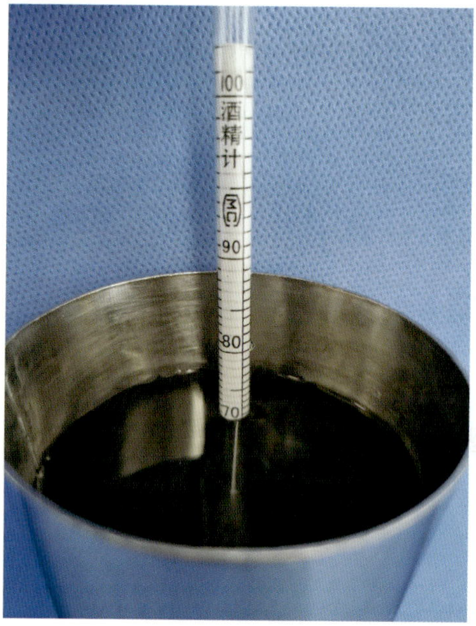

图 6-4　使用比重计测量乙醇浓度

（3）酸性氧化电位水：用有效氯检测试纸和精密 pH 检测试纸分别检测酸性氧化电位水的 pH 值和有效氯浓度，检测数值应符合指标要求。

5．注意事项

（1）化学消毒剂应现用现配，保持环境通风，根据化学消毒剂特点做好个人防护。

（2）参考各化学消毒剂的安全数据表对各类消毒剂进行存放、使用、废弃等管理。

（3）含氯消毒剂不应用于浸泡金属器械，因为会对器械产生点状腐蚀，降低使用寿命，而且易造成潜在的交叉感染的风险。

（4）化学消毒后的器械物品使用前应彻底冲洗，避免消毒液残留。

第二节　干燥

干燥是去除清洗消毒后器械上残留水分的过程。水是细菌滋生的基本条件，及时进行干燥处理可避免器械重新滋生细菌、被环境污染或器械锈蚀。由于器械材质和结构不同，干燥方式亦不尽相同。常用的干燥方式有医用干燥柜、压力气枪和低纤维絮擦布。

一、医用干燥柜

在器械清洗后建议选用干燥设备（医用干燥柜、真空干燥柜等）对器械、器具进行干燥处理，干燥设备应参照厂家说明或指导手册使用。根据器械的材质选择适宜的干燥温度和干燥时间。

1．适用范围　耐热器械、器具和物品宜首选医用干燥柜进行干燥。

2．优缺点　优点是可根据物品种类调节干燥温度，且温度恒定；可以避免手工擦干时由于擦布脱屑等因素造成的污染；噪声较压力气枪小。缺点是设备占用空间较大。

3．操作步骤　将需干燥的器械物品间隔排列在干燥柜的层架上，并调节干燥温度和时间。

（1）金属类干燥温度为 70 ～ 90℃，塑胶类干燥温度为 65 ～ 75℃，防止温度过高造成器械变形或材质老化。

（2）干燥时间视器械物品和干燥设备的具体情况而定。

4．注意事项

（1）使用真空干燥柜时，放入敞口容器时应开口朝下或倾斜摆放。

（2）管腔器械应保持两端开放。

（3）因干燥柜内温度较高，物品取出时注意防止烫伤。

（4）物品取出时，应注意干燥程度。

二、压力气枪

1．适用范围　压力气枪主要用于管腔器械的干燥，以及其他避免擦拭的器械物品的干燥，如穿刺针、手术吸引头、反光板、各类锉针及锉架等（图 6-5，图 6-6）。

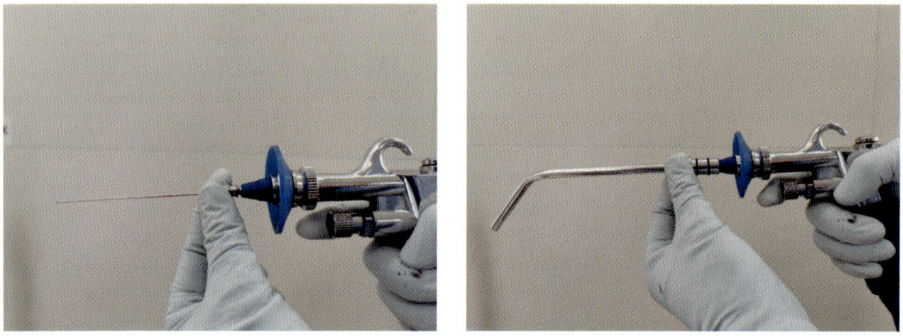

图 6-5　管腔器械（手术吸引头）干燥

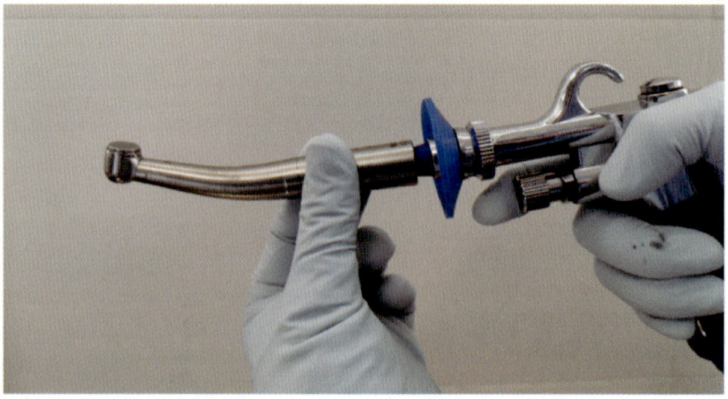

图 6-6　牙科手机的干燥

2．优缺点　操作简便，但噪声较大，且干燥效果受人为因素影响。

3．操作步骤　选择合适的气枪喷头吹干不同内径的管腔器械。

4．注意事项　牙科手机在机械清洗后，使用气枪吹干管腔时，气源压力应在 200 ~ 250 Pa。不宜超过牙科手机使用说明书标注的压力。

三、低纤维絮擦布

1．适用范围　适用于无干燥设备的场合及不耐热器械、器具和物品。

2．优缺点　可用于干燥结构简单的物品，操作方便，但是不能避免掉屑。

3．操作步骤　包裹器械自然吸水，或轻柔地擦拭。

4．注意事项

（1）不应使用容易脱落纤维的棉布类擦布，如纱布、治疗巾，以免影响器械洁净度，造成微粒污染。

（2）应保持擦布的清洁，用后及时清洗、消毒。

四、95% 乙醇

1．适用范围　无干燥设备和不耐热的器械、器具可使用 95% 乙醇。

2．优缺点　适用范围广，但属于易燃易爆危险品，储存、配置、使用过程中应注意安全。

3．操作步骤　将器械物品浸泡于 95% 乙醇溶液中，取出后借助乙醇的高挥发性和潮解性进行干燥。

4．注意事项　95% 乙醇应单独存放，上锁管理。

第七章

检查与保养

器械在包装前，要仔细检查其清洁度、功能状况等，同时对器械的轴节、棘齿、工作刃等进行润滑保养或必要的磨锐。因为器械在重复使用和反复清洗、消毒、灭菌后，会发生磨损、变钝、碎裂或变形，甚至功能丧失，不但影响临床正常使用，还可因使用过程中的突然损坏给患者造成安全隐患。良好的器械保养可以延长器械使用寿命，减少成本支出和消耗。

第一节 检查、保养的要求与原则

一、检查、保养的基本要求

1．应在检查包装区进行。

2．检查、保养的内容是检查清洗质量；对器械的功能进行检查与保养。

3．操作人员按要求着装，佩戴圆帽、口罩，穿工作服、工作鞋，操作前应洗手或快速手消毒。

4．物品准备齐全（包括带光源的放大镜、测量尺、专用螺丝刀等辅助工具，以及润滑剂）。检查包装区照明要求应符合《医院消毒供应中心第 1 部分：管理规范》（WS 310.1—2016）的要求（表 7-1）。

5．根据口腔专科器械的结构及分类进行检查和润滑保养。

表 7-1　检查包装区照明要求

	最低照度（lx）	平均照度（lx）	最高照度（lx）
普通检查	500	750	1000
精细检查	1000	1500	2000

二、检查、保养的原则

1．应采用目测或带光源放大镜对干燥后的每件器械、器具和物品进行清洗质量检查和功能检查。

2．检查过程中如果发现清洗质量不合格，应重新处理；功能损毁或锈蚀严重的器械，应及时维修或报废。

3．带电源器械应进行绝缘性能等安全性检查，精密器械与普通器械的检查、保养分开进行。

4．应使用医用润滑剂进行器械保养，不应使用石蜡油等非水溶性产品。

三、保养方法

清洗后的器械应遵循器械说明书对其轴节、棘齿、工作刃等部分进行润滑保养，以保证器械功能完好。医用润滑剂是对清洗后的金属器械起润滑作用的化学制剂，它是一类器械保护剂，能有效润滑器械的轴节，并在器械表面形成保护层，减少表面的渗水性和吸水性，防止器械锈蚀。医用润滑剂一般为水溶性，与人体组织有较好的相容性，不应影响器械的机械性能和设备的正常使用，不影响灭菌介质的穿透。动力工具应选用匹配的润滑剂，如使用不当，可致器械运行过程中过热或损坏。

器械润滑保养的方法有机械润滑和手工润滑。机械润滑是指在清洗消毒器运行过程中设定相应程序，自动泵入润滑剂对器械进行润滑。手工润滑是使用压力罐装润滑油对器械需要润滑的轴节等部位进行点对点喷注。不建议使用容器盛装润滑剂对器械进行浸泡润滑，一是避免造成器械的二次污染，二是避免从润滑剂中取出锐利器械时发生职业暴露。

第二节 检查、保养的操作方法

一、牙科钻针类器械

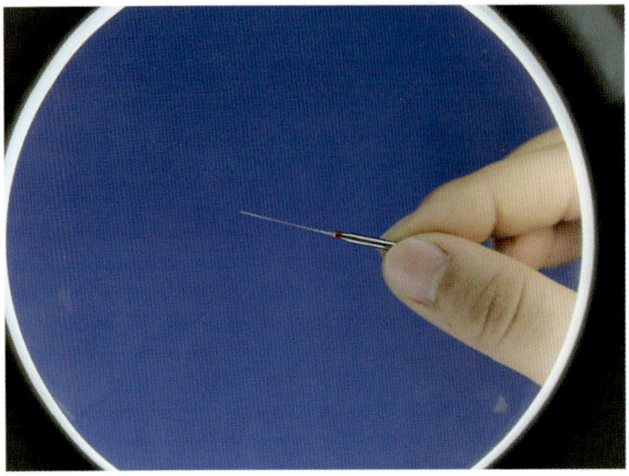

图 7-1 借助带光源的放大镜检查

车针、根管器具类小器械，应在带光源放大镜下对其进行清洗质量和功能检查。

（一）清洗质量检查

检查螺旋结构、缝隙处有无残留血渍、污渍、水垢、锈斑及组织碎屑等（图 7-1）。

（二）器械功能检查与保养

重点检查螺纹处是否完整、均匀，有无螺旋松解或螺旋拉长，尖端有无弯折等现象，如有上述情况，应及时更换（图 7-2，图 7-3）。此类器械无需进行润滑保养。

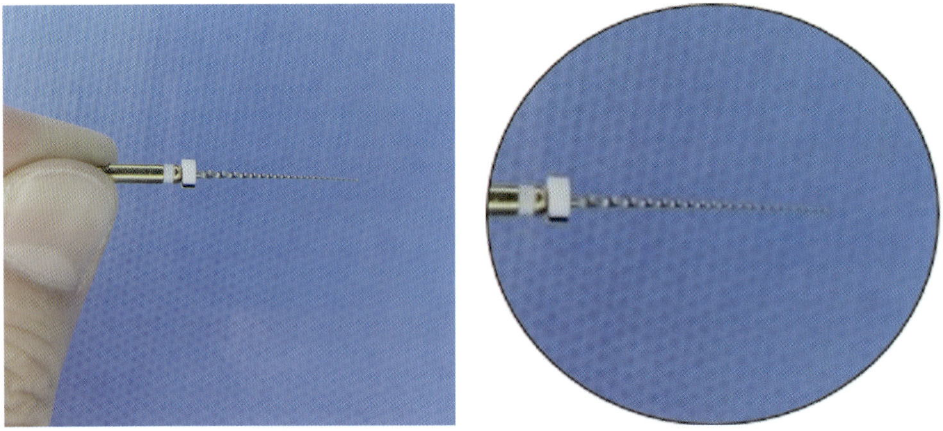

图 7-2 镜下检查螺纹处是否完整、均匀

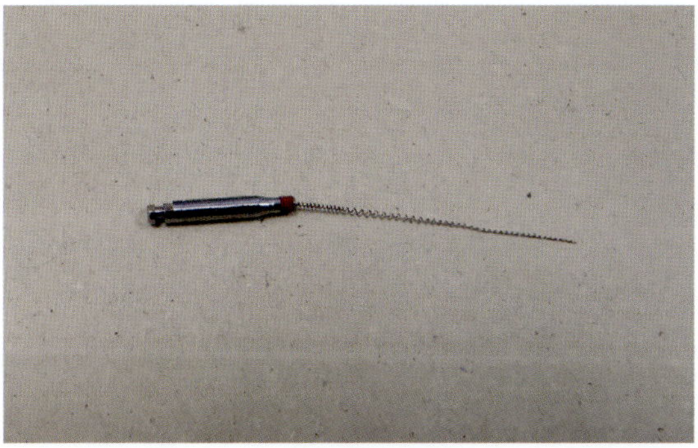

图 7-3　螺旋松解

二、轴节类器械

口腔医疗机构常见的轴节类器械包括拔牙钳、止血钳、持针器、剪刀、颌骨固定器、咬骨剪等。

（一）清洗质量检查

重点检查器械表面、轴节、棘齿、沟槽等部位有无残留血渍、污渍、水垢、锈斑等（图 7-4 ～图 7-6）。

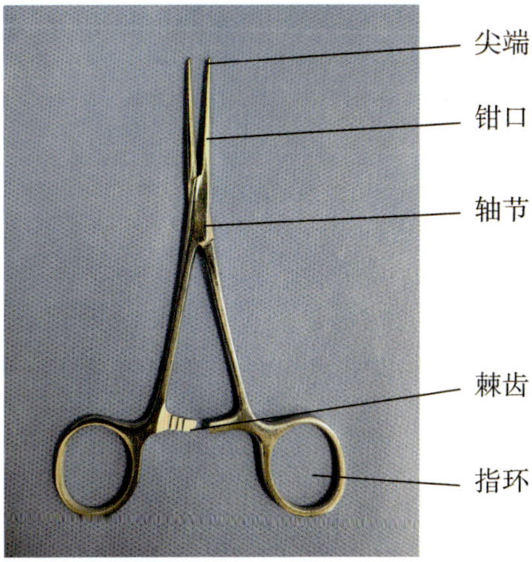

图 7-4　目测检查止血钳

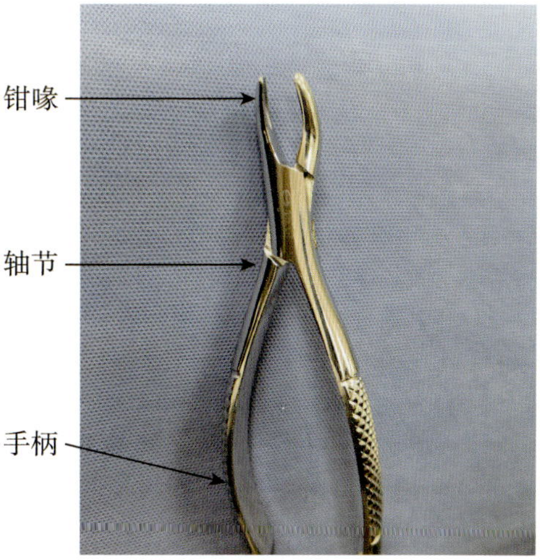

图 7-5　目测检查拔牙钳

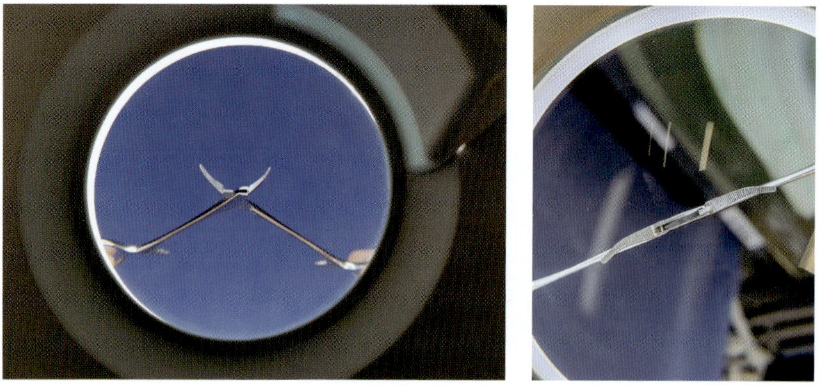

图 7-6　借助带光源的放大镜进行器械检查

（二）功能检查与保养

1．整体检查　目测检查器械齿牙、沟槽处或尖端是否对合正常，有无齿牙缺失、有无应力性裂纹（图 7-7 ～图 7-11）。

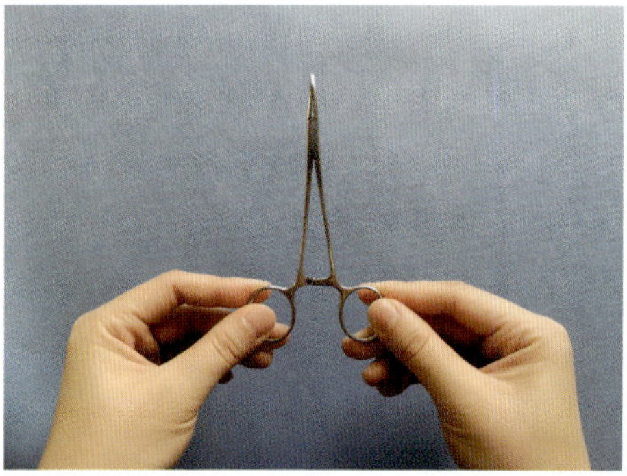

图 7-7　检查轴节器械闭合状态

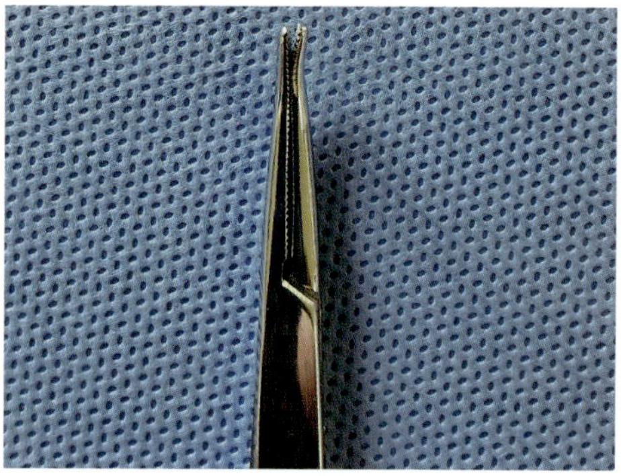

图 7-8　尖端闭合不良

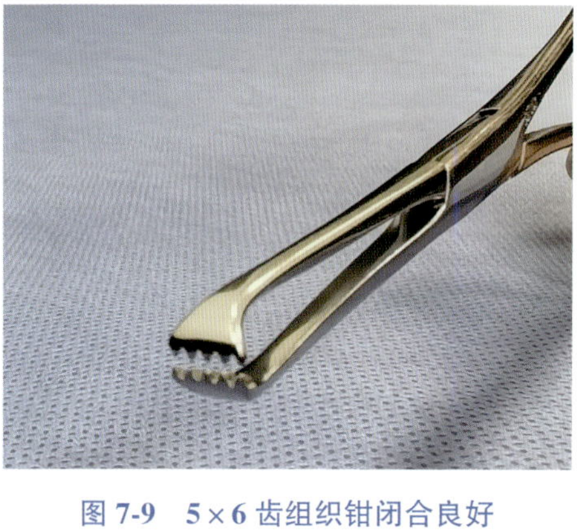

图 7-9　5×6 齿组织钳闭合良好

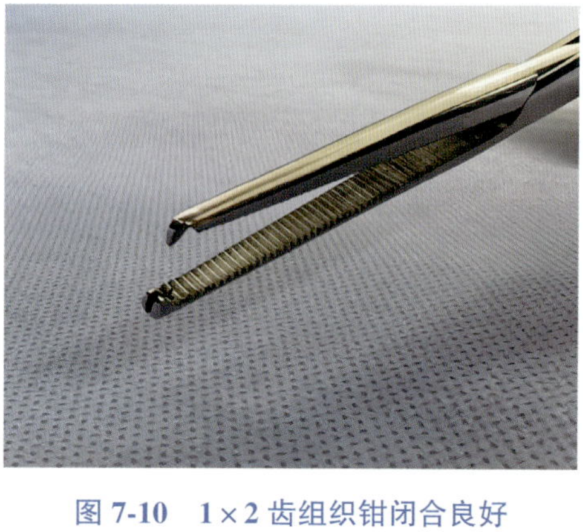

图 7-10　1×2 齿组织钳闭合良好

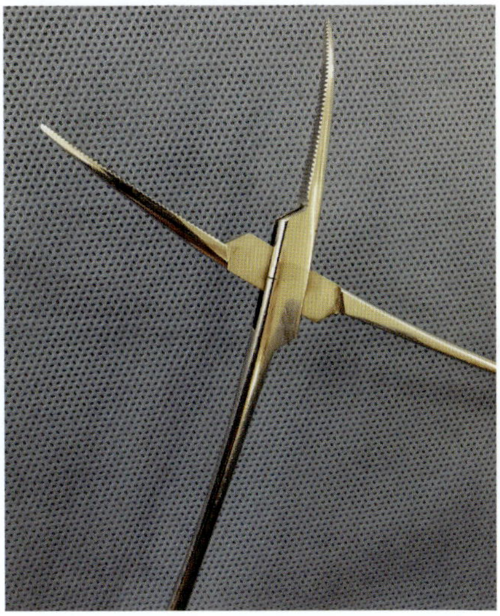

图 7-11　应力性裂纹

知识链接

应力性裂纹

应力性裂纹是金属器械在某些特定介质和拉应力的共同作用下产生的延迟裂纹，也称为应力腐蚀裂纹。例如部分器械因长期使用及清洗灭菌处理，反复受到拉应力、化学清洗剂、润滑剂等的影响，在器械的轴节等受力部位，常常发生此类裂纹。

2. 闭合性能测试　检查棘齿处有无缺损，将棘齿闭合于最外侧第一齿的位置，手持工作端，将棘齿部位在另一掌心轻轻拍打，以不自动弹开为正常（图 7-12）。

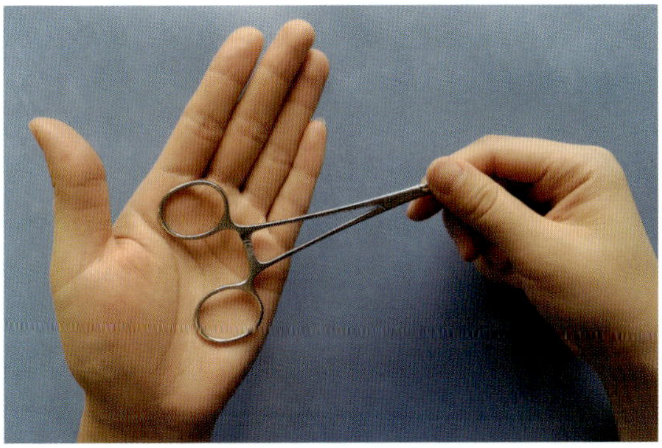

图 7-12　闭合性能测试

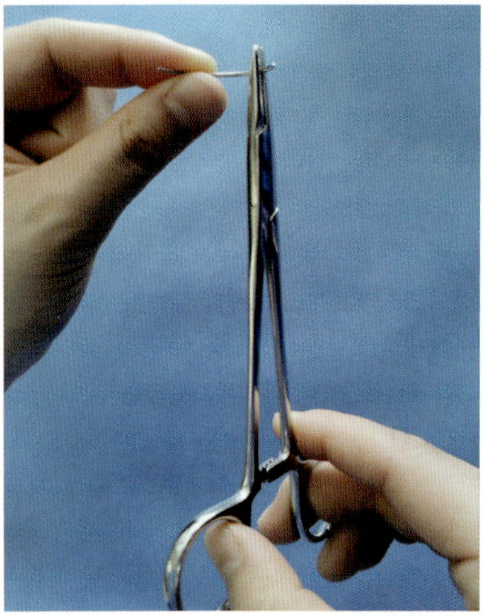

图 7-13　夹持性能测试

3．夹持性能测试　持针器类器械应钳夹住一根与之相匹配的缝合针，棘齿闭锁于第二齿的位置，晃动缝合针，若缝合针晃动明显，或可轻易将缝合针抽出，则表示器械功能不佳，需更换（图 7-13）。

4．切割性能测试　目测检查器械边缘锐利性，刃口应锋利，无缺口，如出现卷边、变钝、缺口等现象则应及时磨锐或更换。切割性能测试前应先用专用螺丝刀固定螺丝，然后匀速闭合轴节，用前端 2/3 处进行剪切，剪切处应光滑、无撕扯等现象（根据剪刀特性选择不同测试材料，如医用橡胶片）。咬骨钳、骨刀类器械使用专门测试材料，检测其切割性能，测试切割面须光滑平整（图 7-14 ～图 7-16）。

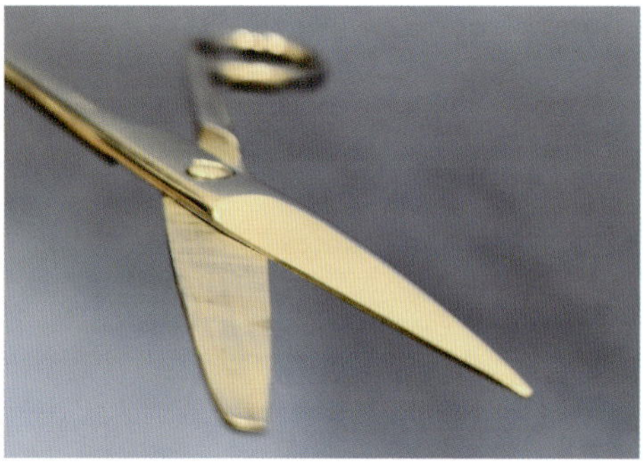

图 7-14　目测剪刀边缘

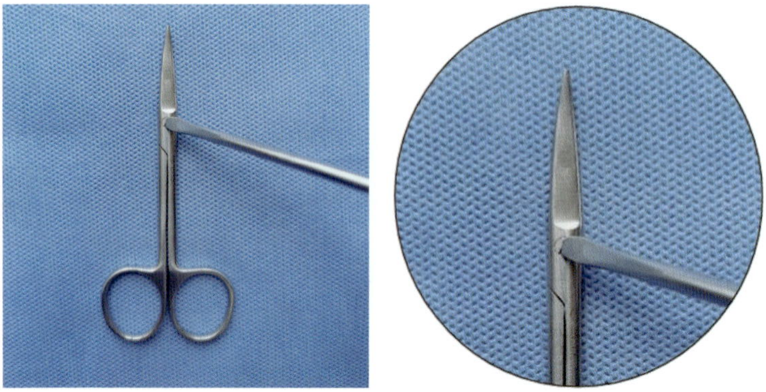

图 7-15　使用专用螺丝刀固定螺丝

图 7-16　切割性能测试

5．保养　轴节开合不顺畅的器械，须点对点喷注润滑剂进行手工润滑保养（图 7-17，图 7-18）。

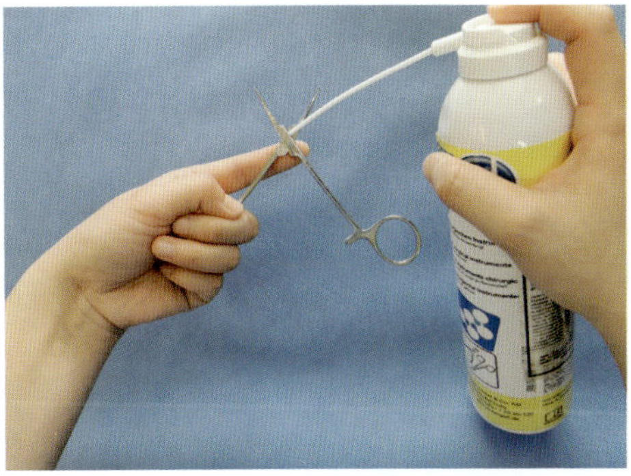

图 7-17　轴节器械手工保养

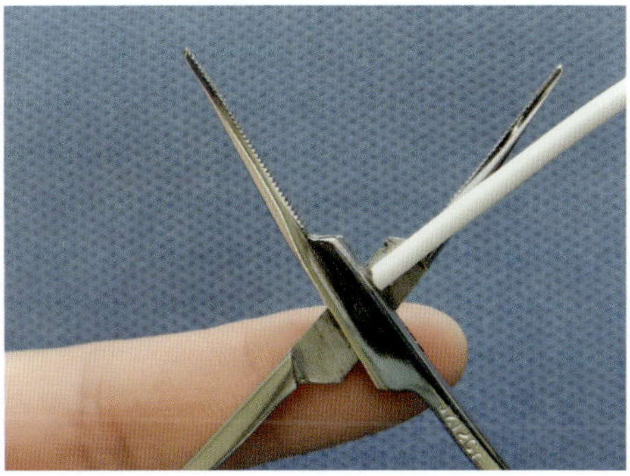

图 7-18　点对点喷注润滑剂

三、管腔类器械

口腔医疗机构常见的管腔类器械有吸唾器、各类金属吸引器、种植用水管、气管套管等。

（一）清洗质量检查

检查管腔表面及内腔有无残留血渍、污渍、水垢、锈斑等。表面采用目测检查；内腔使用与管腔直径相匹配的白色清洁棉条贯通两端，以检查内腔是否洁净，白色清洁棉条应洁白无污渍（图 7-19）。

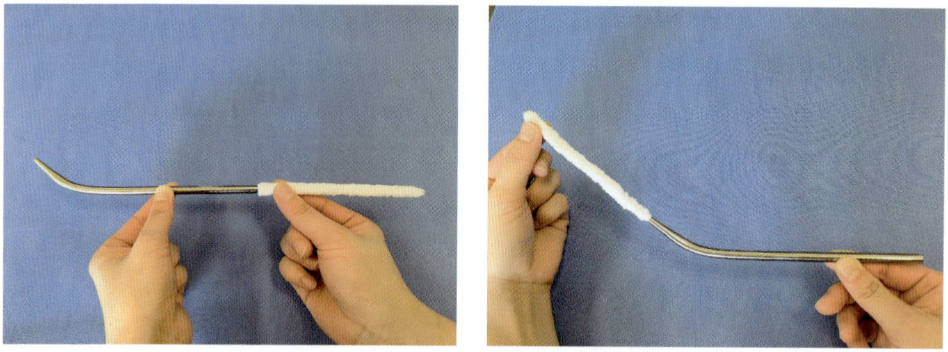

图 7-19　管腔器械清洗质量测试

（二）功能检查与保养

检查管腔有无变形，表面有无凹陷或缺损，如有上述现象，应及时更换（图7-20）。此类器械无需润滑保养。

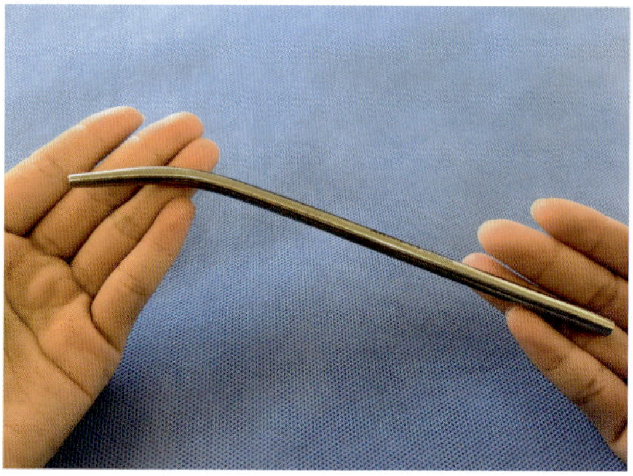

图 7-20　管腔类器械功能检查

四、动力工具类器械

动力工具类器械是以电或惰性气体为动力，通过能量传动机制将电能或气能转化为机械能的一种机械化驱动工具，常用于口腔正颌手术及肿瘤手术中。

主要包括动力钻、动力锯等类型。动力钻和动力锯一般由动力机头、锯片 / 钻针和连接线组成。

（一）清洗质量检查

1．动力机头 采用目测或在带光源放大镜下检查表面及螺纹处有无残留血渍、污渍、水垢、锈斑等（图 7-21）。与连接线接入的插口孔道应清洁无污渍（图 7-22）。

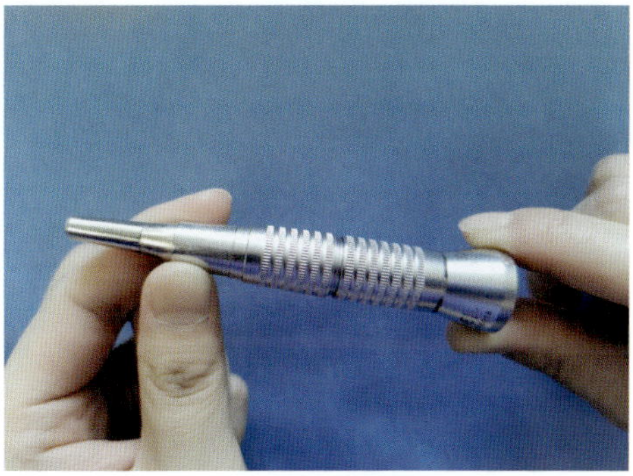

图 7-21 动力机头的检查

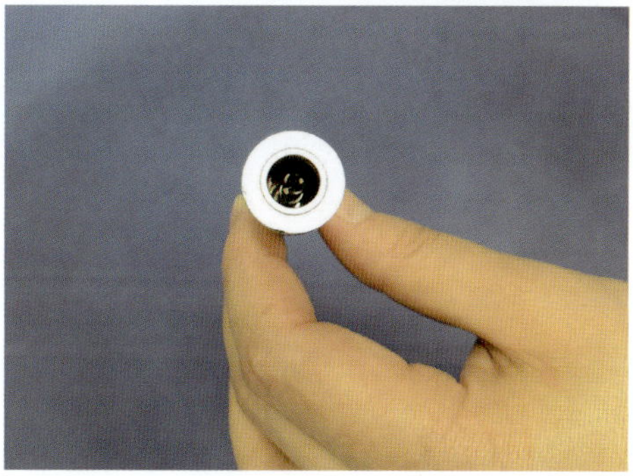

图 7-22 动力机头插孔端的检查

2．连接线 采用目测检查连接线表面有无残留血渍、污渍、水垢、锈斑等（图 7-23）。与动力机头接入的插口孔道应保持清洁无污渍（图 7-24）。

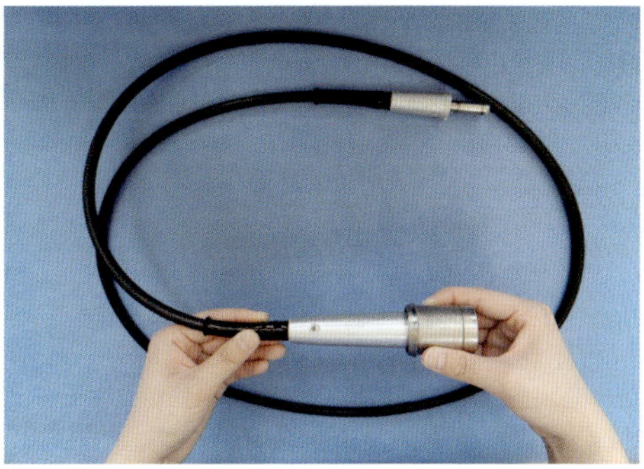

图 7-23 动力连接线的检查

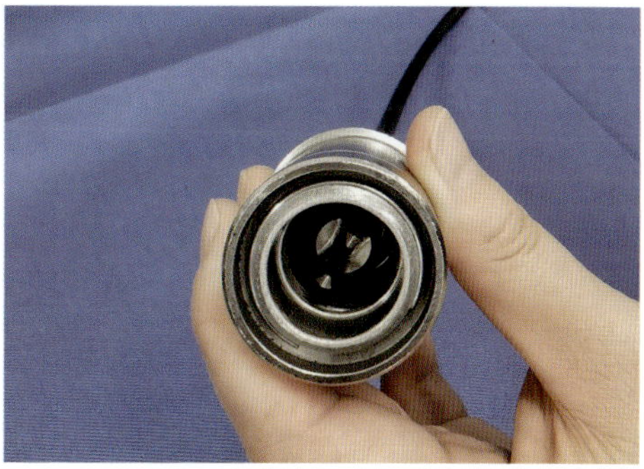

图 7-24 动力连接线插孔端的检查

3．配件（包括各种型号钻针、锯片等） 采用目测或在带光源放大镜下检查表面、齿牙，以及工作端有无残留血渍、污渍、组织碎屑、锈斑等，尤其注意工作端（图 7-25，图 7-26）。

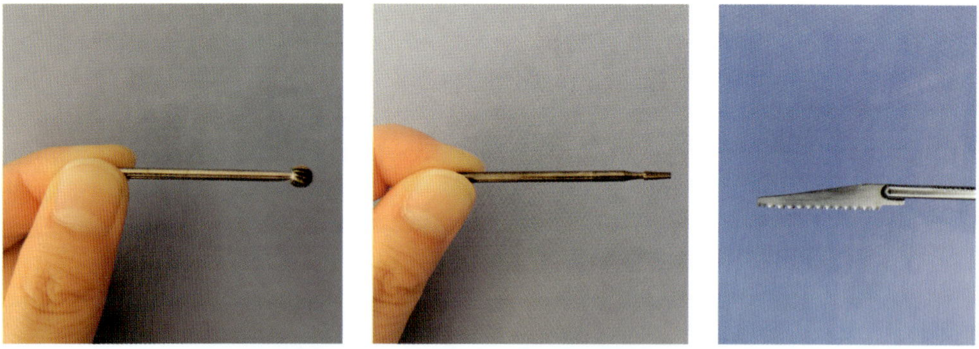

图 7-25　动力配件的目测检查

图 7-26　借助带光源放大镜检查动力配件

（二）功能检查

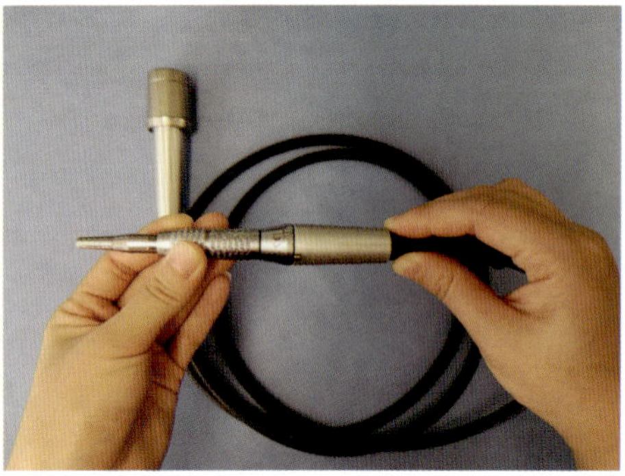

图 7-27　动力连接线的功能检查

1．动力机头　检查用于固定钻针的开关能否顺畅开合。

2．连接线　正确插入机头后拔出，检查连接处是否有松动，如不按住开关也可轻松拔出，则不能使用，应及时与厂商联系维修。遵循使用说明书进行电外科手术器械的绝缘性能安全检查，以避免术中出现术野组织热损伤、漏电等风险（图 7-27）。

知识链接

绝缘性能安全检查

绝缘性能安全检查用于检测电气产品的绝缘安全性能。电气产品由于其设计或其他因素，绝缘层可能会分解或损坏，导致电流泄露，威胁到手术患者的安全，但电流泄露可以通过绝缘检测仪进行检测。绝缘检测仪是设备产生激发的电流后，利用欧姆定律测量出电阻，通过仪表盘、蜂鸣器、指示灯等方式提示绝缘层是否损坏。

3．配件(包括各类钻针、锯片等)　采用目测或在带光源放大镜下检查表面、齿牙及工作端是否完好，有无磨损、缺损、变形及卷刃。如有锯齿或螺纹缺损或缺失，应丢弃。

（三）保养

1．动力机头　选择匹配的适配器与压力罐装清洁润滑油连接，对动力机头进行手工按压注油，直至喷出清洁油雾。注油时使用透明塑料袋或纸巾包住机头前端，避免油雾播散（图 7-28）。

2．连接线　无需润滑。

3．配件　无需润滑。

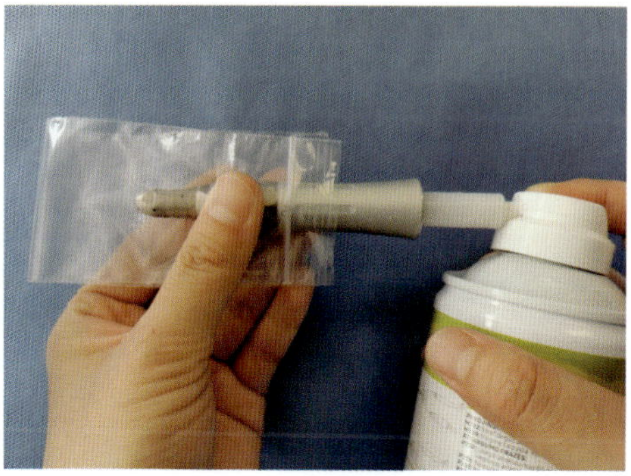

图 7-28　手工保养动力机头

五、植入物类器械

植入物类器械是指放置于外科操作形成的或者生理存在的体腔中，留存时间为 30 天或 30 天以上的可植入性医疗器械。本章节中的植入物类器械特指非无菌、需要进行清洗、消毒、灭菌的植入性医疗器械。口腔专业常见的植入物有螺钉、接骨板或钛网等。有些手术模板、导板，或者做植入物手术时使用的器械，因并不留存体内或留存时间不足 30 天，不属于植入物类器械。

（一）清洗质量检查

1．螺钉　目测或在带光源放大镜下检查螺帽、螺纹及尖端有无污渍、水垢、锈斑等（图 7-29）。

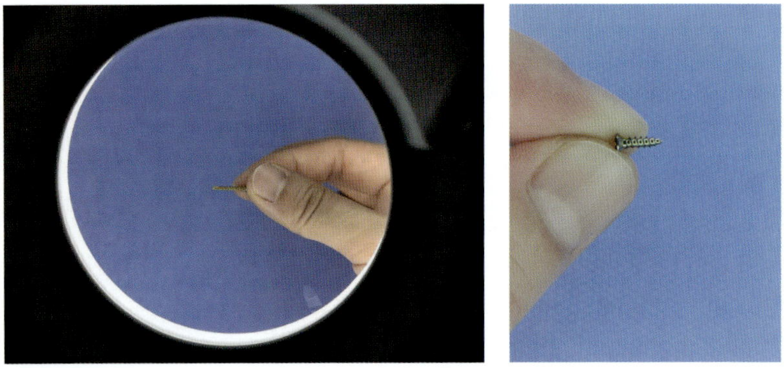

图 7-29　在带光源放大镜下检查螺钉的清洗质量

2. 接骨板和钛网　目测或在带光源放大镜下检查表面及孔洞缝隙处有无污渍、水垢、锈斑等（图 7-30）。

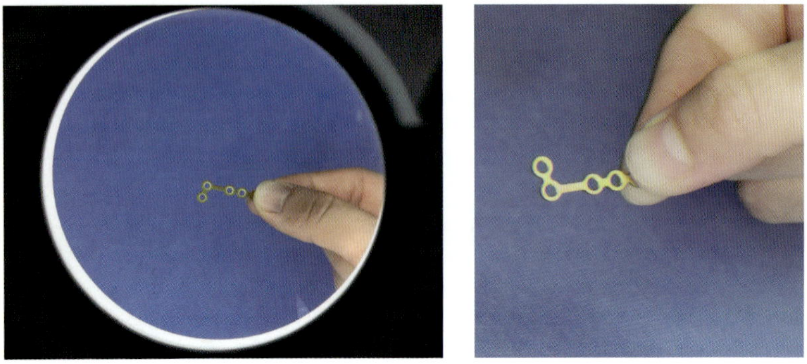

图 7-30　在带光源放大镜下检查接骨板的清洗质量

（二）功能检查

1. 螺钉　检查螺帽纹理是否完整，螺纹及尖端有无缺损、应力性裂纹等。

2. 接骨板或钛网　检查表面及孔洞缝隙处有无缺损、变形等（图 7-31，图 7-32）。

（三）保养

植入物类器械不应润滑，同时注意在清洗过程中也不应使用润滑剂。因润滑剂可能造成植入物类器械的材料腐蚀，使用过程中易发生断裂，且润滑剂残留可对人体造成伤害。

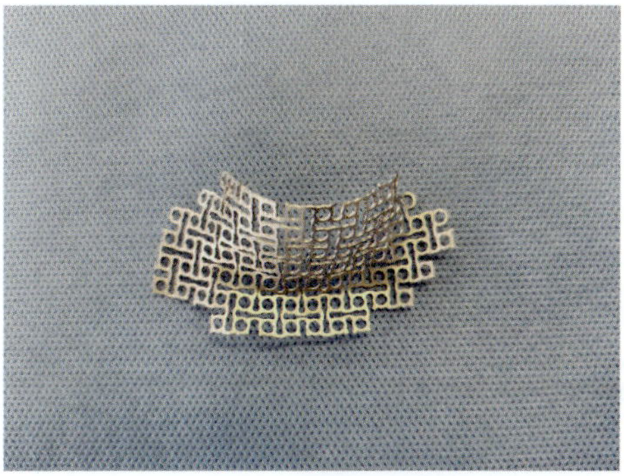

图 7-31　目测检查钛网有无缺损

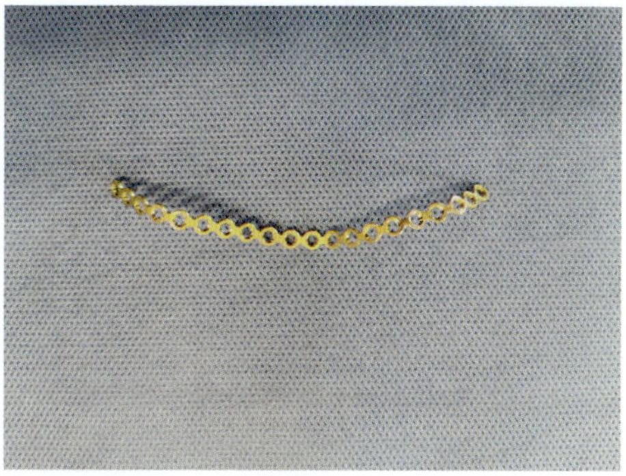

图 7-32　目测检查接骨板有无缺损

六、直柄类器械

口腔医疗机构常见的直柄类器械有水门汀充填器、挖匙、刮治器、排龈器、树脂雕刻刀、研光器等。

（一）清洗质量检查

采用目测检查器械表面、螺纹处及工作端是否光滑、洁净，有无残留血渍、污渍、水垢、锈斑等（图 7-33）。

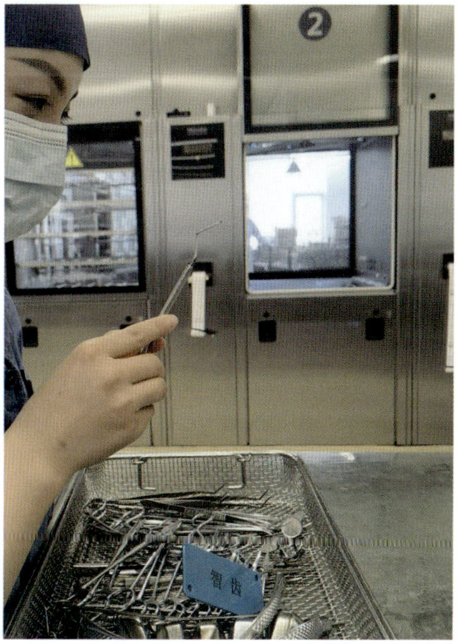

图 7-33　目测检查清洗质量

（二）功能检查与保养

采用目测或在带光源放大镜下检查工作端有无应力性裂纹、缺损及变形，如有上述情况，应及时更换（图 7-34）。此类器械结构简单，无轴节，无需进行润滑保养。

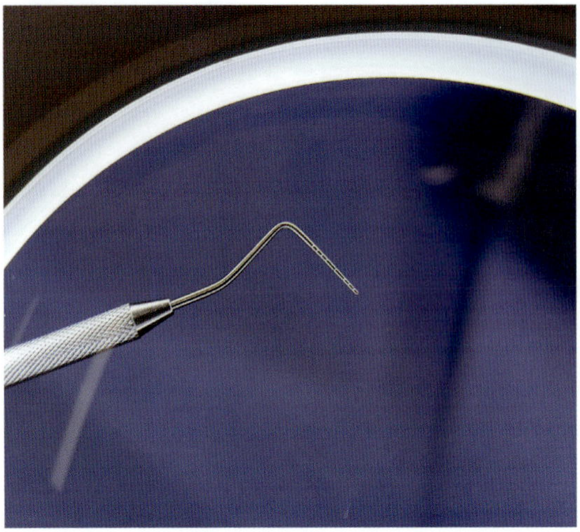

图 7-34　在带光源放大镜下检查器械功能

第八章 包装

第一节 包装材料

包装是指将装配好的物品采用包装材料将其密封或闭合，形成无菌屏障系统的过程。包装材料是用于制造或密封医用物品包装系统的材料，该类材料允许灭菌介质有效穿透，能为灭菌物品提供微生物屏障，在灭菌前后的一定期限内对器械物品进行保护，维持包装内部的无菌环境。

最终灭菌医疗器械包装材料应符合《最终灭菌医疗器械包装》（GB/T 19633—2015）的要求，其他包装材料还应符合《最终灭菌医疗器械包装材料》（YY/T 0698—2009）的要求。常见的包装材料有可重复使用材料，如普通棉布、硬质容器；一次性使用材料，如医用无纺布、纸塑包装袋、皱纹纸、纸袋及特卫强包装袋。根据医疗器械的特性、灭菌方式、器械风险程度、保存时限和运输储存方式等选择合适的包装材料。口腔医疗机构中常用的是普通棉布、医用无纺布和纸塑包装袋，硬质容器和纸袋较少用。

一、普通棉布

普通棉布是以棉纱线为原料的机织物，仅用于压力蒸汽灭菌。棉布的规格常用“经纱号数 × 纬纱号数 × 经密 × 纬密”，以及“平方克重”等表示，每 1 m^2 材料的平均质量应与规定值一致。织物的经向和纬向断裂强力应 ≥ 300 N（N 为力的单位，1 N = 1 kg · m/s^2）。棉布应为非漂白织物，除四边外不应有缝线，不应缝补。初次使用前应高温洗涤，脱脂去浆，增加棉布的透气性，保证灭菌介质的有效穿透。如未脱脂去浆，可造成灭菌后的新棉布变硬，影响蒸汽的穿透和干燥。由于棉织物在经过一系列的消毒灭菌、化学洗涤后，结构变得松散，孔径变大，微生物屏障功能降低，且易落絮，有逐渐被一次性物品取代的趋势。

二、医用无纺布

图 8-1　医用无纺布

医用无纺布又名非织造布，通常以聚丙烯为原料，是采用纺粘 / 熔喷热粘合工艺制作而成的包装材料（图 8-1）。该材料由 2 ~ 5 μm 的超细纤维无规律纵横交错组成，形成亚微米级等效孔径的小孔，具有良好的阻菌、透气、防潮、柔韧、质轻、色彩丰富的特点，但抗磨和抗撕拉程度相对较差，易破损，较易引起湿包。医用无纺布的抗张强度沿机器方向应≥ 1.0 kN/m，横向≥ 0.65 kN/m，耐破度应≥ 130 kPa，湿态耐破度应≥ 90 kPa，悬垂系数应≤ 90%。医用无纺布无毒无害，对人体皮肤无刺激，有良好的微生物屏障性能及透气性，有利于灭菌介质的穿透，低掉屑率，可减少因织物脱屑而引起的手术切口感染。此外，无纺布疏水性强，不吸附液体。适用于压力蒸汽、环氧乙烷和过氧化氢低温等离子体等多种灭菌方式。

三、纸塑包装袋

由透气性材料和塑料膜组成的可密封包装袋或卷袋，为一种常用的一次性包装材料。纸塑包装袋一般有扁平型包装袋(平面袋)和折叠型包装袋(立体袋)。其湿态耐破度应≥ 35 kPa。透气性的“纸”质材料为医用透析纸，不脱色，不释放危险性物质,不与器械发生相互作用。“塑”应有两层或多层医用复合膜（聚酯 - 聚丙烯）复合而成，应不发生分离或发白，无针孔。纸塑包装袋外应印有 1 个或多个一类指示物，每个指示物面积应≥ 100 mm^2。纸塑卷材上的重复印刷间隔距离应≤ 155 mm。纸塑包装袋具有良好的微生物屏障性能、透气性及可视性，是适用于压力蒸汽灭菌、环氧乙烷灭菌和蒸汽甲醛灭菌的包装袋（图 8-2）。

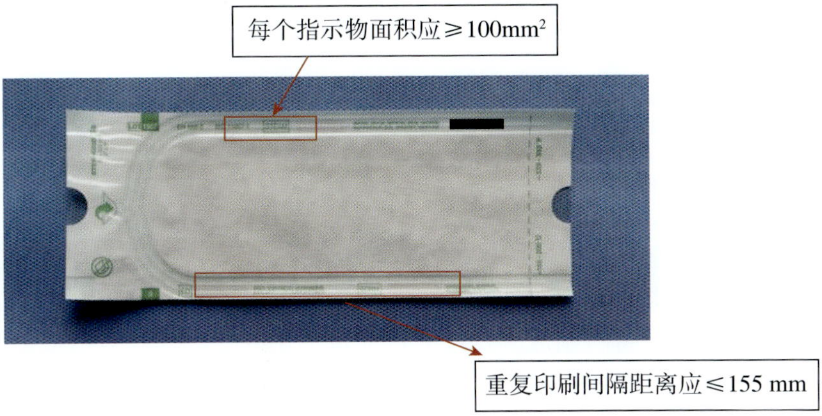

图 8-2　纸塑包装袋

四、特卫强包装袋

特卫强包装袋是指由特卫强材料与塑料膜组成的可密封包装袋或卷材（图 8-3）。特卫强材料是一种经闪蒸纺丝和粘结的高密度聚乙烯纤维，是一种强韧、耐用的片材结构。可用于过氧化氢低温等离子体灭菌、环氧乙烷灭菌，控制条件为 121 ～ 127℃、207 kPa、灭菌 30 min 情况下的压力蒸汽灭菌（因为闪蒸纺丝和粘结的高密度聚乙烯纤维在高温的蒸汽下会熔化）。特卫强包装袋具有良好

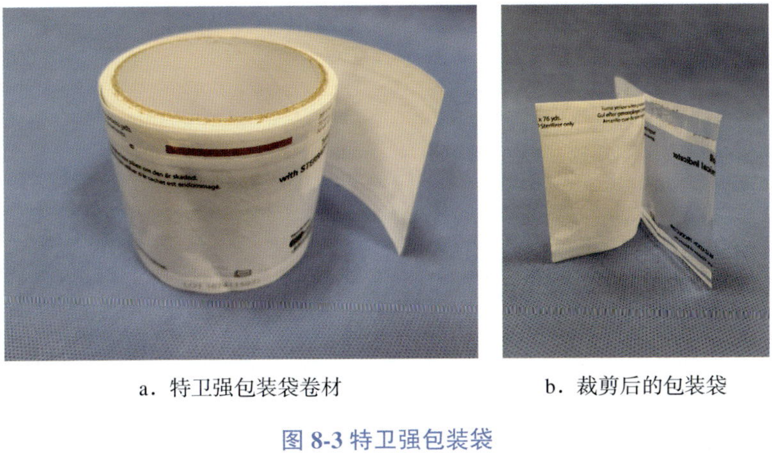

a．特卫强包装袋卷材　　b．裁剪后的包装袋

图 8-3 特卫强包装袋

的微生物屏障功能、耐穿刺、抗撕裂性强、洁净剥离等特性。常用于边缘不规则的手术器械和精密器械的包装。但应注意在进行热封时，医用热封机的温度设定应符合特卫强包装袋产品说明书的要求。

五、硬质容器

硬质容器是一种可复用的包装材料，一般为平行六面体的箱体，由盖子、底座、手柄、灭菌标识卡槽、垫圈和灭菌剂孔组成（图 8-4）。通常由阳极氧化铝、不锈钢、塑料或混合材料制成。盖子有可通过灭菌介质的阀门或过滤部件，并具有无菌屏障功能。为便于清洗，所有内角应呈圆弧形。最大装载量为 10 kg。其优点为使用寿命长，硬质容器质地坚硬，保护性好，结构简单，适用于反复灭菌并长期使用，根据结构和设计不同可分别用于压力蒸汽灭菌、环氧乙烷灭菌或过氧化氢低温等离子体灭菌。首次使用应进行灭菌过程有效性验证，并进行湿包检查。口腔料常见的各种器械盒、器械托盘及有侧孔的金属盒均不属于硬质容器。

图 8-4　硬质容器

六、纸袋

纸袋是一种透气性好、抗水、耐高温的一次性包装材料。纸袋采用背封搭接的方式由胶黏剂黏合封闭，以保证在压力蒸汽灭菌时，纸与纸的密封处与受力方向垂直，避免真空或正压时产生爆袋。纸袋不具备透视性，常用于重量较轻的敷料类物品的包装灭菌。纸袋上印有一个或多个一类指示物，每个指示物的面积应≥ 100 mm^2，指示物应不影响密封程序。

每种包装材料都有各自特点，工作中应选择最适合于待包装物品和灭菌方式的包装材料。另外，开放式储槽可用作盛放清洁物品的容器，但由于其密封性差，无法起到微生物屏障作用，不应作为灭菌器械的包装材料。

第二节　包装方法

按照包装方式，灭菌物品的包装可分为闭合式包装和密封式包装。普通棉布、医用无纺布等包装材料可采用闭合式的方式进行包装；预成型的纸袋、纸塑包装袋、特卫强包装袋等应采用密封式包装。

一、包装步骤

（一）装配

装配是将一个或多个器械物品组装成一个使用单元的过程。首先将清洗时拆卸为多件的器械进行组装（图 8-5），然后按照器械包内物品的明细核对器械种类、规格和数量，将所有器械放入篮筐、托盘或专用器械盒内，进行配套包装（图 8-6）。装配时注意对精密器械、锐利器械采取保护措施（图 8-7）。

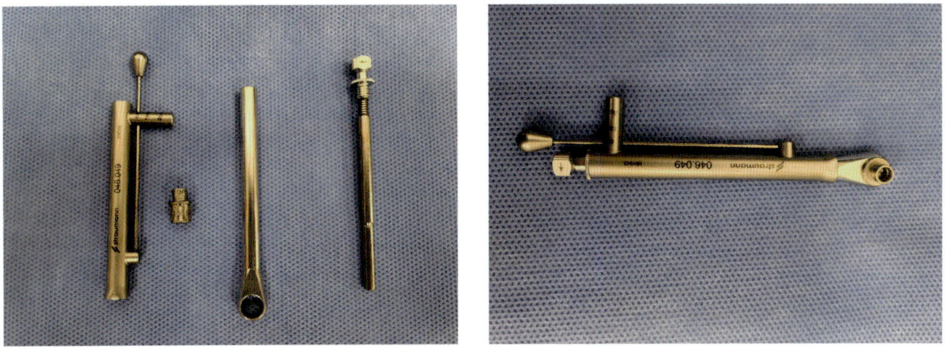

a．拆为多件的扭力扳手　　b．装配完成的扭力扳手

图 8-5　扭力扳手

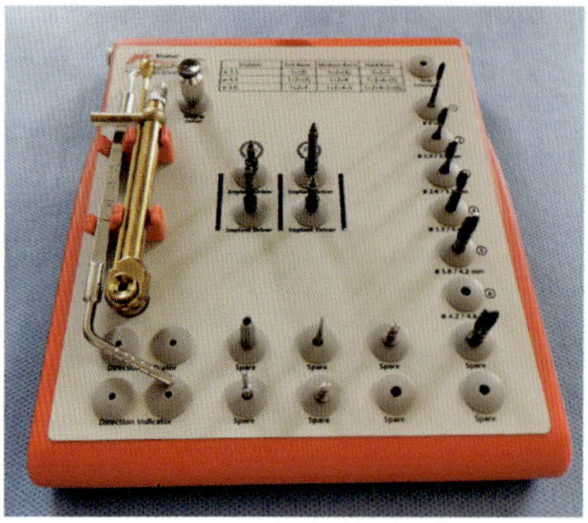

图 8-6　将成套器械放入器械盒

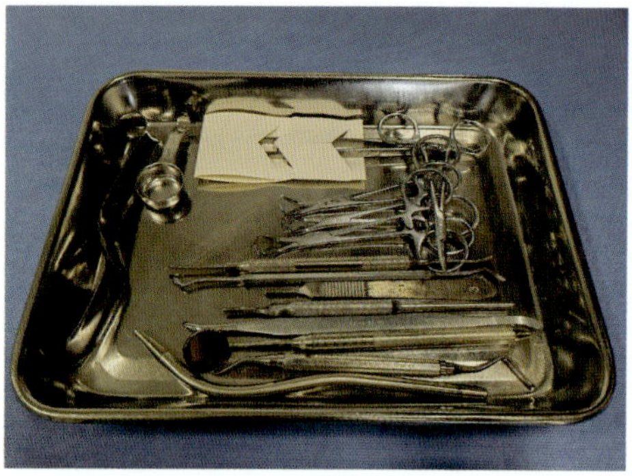

图 8-7　精密锐利器械的纸卡保护

（二）包装

包装是将装配好的器械篮筐、托盘或专用器械盒置于包装材料中，放置包内化学指示物，采用正确的操作方法将器械或物品闭合或密封在包装材料中（图 8-8）。

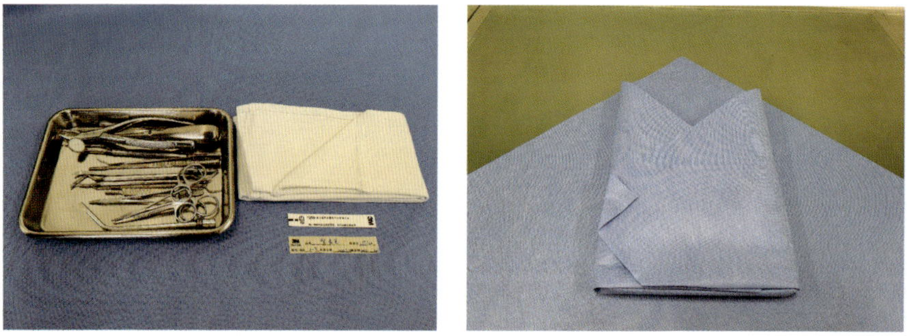

图 8-8　将装配好的器械盘进行包装

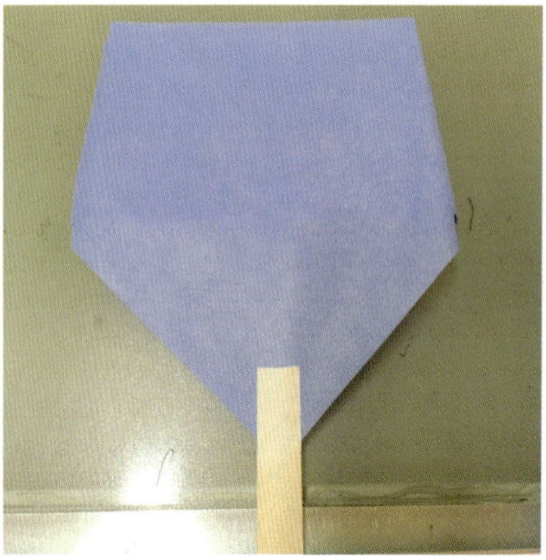

图 8-9　封包

（三）封包

封包是用封包胶带固定、封闭包裹。封包时使用专用胶带，胶带长度应与灭菌包体积、重量相适宜，松紧适度，封包严密，保持闭合完好性（图 8-9）。

知识链接

闭合完好性

闭合完好性是指闭合条件能确保该闭合至少与包装上的其他部分具有相同的阻碍微生物进入的程度。例如，纸塑包装袋密封后，其封口部位也应严密闭合，使整个包装系统的任何部位都能有效阻碍微生物的进入，无薄弱部分。

（四）注明标识

注明标识是将包装标签固定在包装系统上，用于识别医疗器械的相关信息。每个待灭菌物品包外应标注 6 项标识（灭菌器编号、灭菌批次、包装者、品名、灭菌日期、失效日期），应正确、清晰、完整、无涂改，做到信息可追溯（图 8-10）。

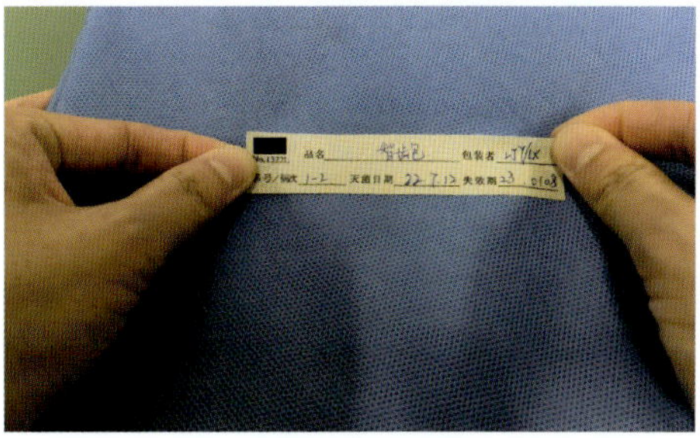

a．标注的 6 项标识

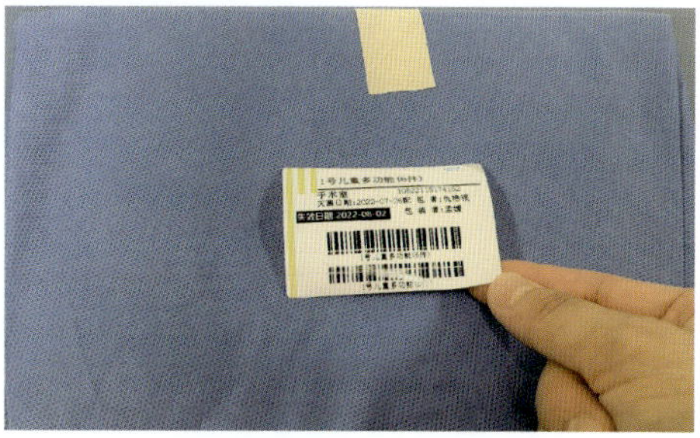

b．电子追溯系统打印的 6 项标识

图 8-10　粘贴在闭合式包装包外的 6 项标识

二、闭合式包装

采用可重复使用的普通棉布或一次性使用的医用无纺布、皱纹纸等材料以闭合方式形成的包装为闭合式包装。适用于单个医疗器械或医疗器械包、盒、组合托盘的包装。

闭合式包装分为折叠式包装（通常用于较大包裹和器械）和信封式包装（通常用于小包裹和器械）。

（一）折叠式包装方法（以医用无纺布为例）

1．人员准备　工作人员着装规范，佩戴圆帽、口罩，穿工作服及工作鞋，操作前洗手或卫生手消毒。

2．物品准备　根据包装需要准备大小合适的医用无纺布、灭菌监测材料（化学指示卡、指示胶带等），以及装配好的器械/物品。

3．环境准备　在检查包装区进行包装，工作台面清洁干燥，物品摆放有序，环境条件符合要求。

4．包装

（1）将医用无纺布平铺于包装台，其边缘平行于包装台边缘。将装配好的器械/物品置于医用无纺布中间，且与医用无纺布边缘平行，放置包内化学指示物（图 8-11）。

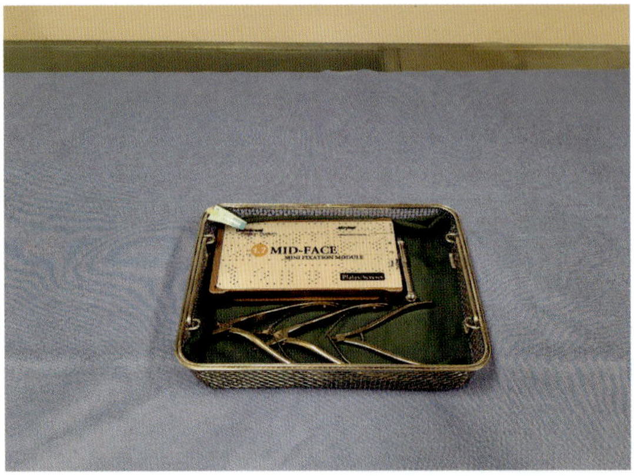

图 8-11　将装配好的器械置于医用无纺布中间

（2）向上折叠医用无纺布下缘，完全覆盖器械/物品，然后将下缘回折，朝向操作者，形成一个折边。利于工作人员在使用时以无菌技术打开无菌包（图 8-12）。

图 8-12　将下缘向上折叠，完全覆盖器械并回折

（3）向下折叠医用无纺布上缘，完全覆盖器械 / 物品，然后将上缘向上折回，远离操作者，形成折边（图 8-13）。

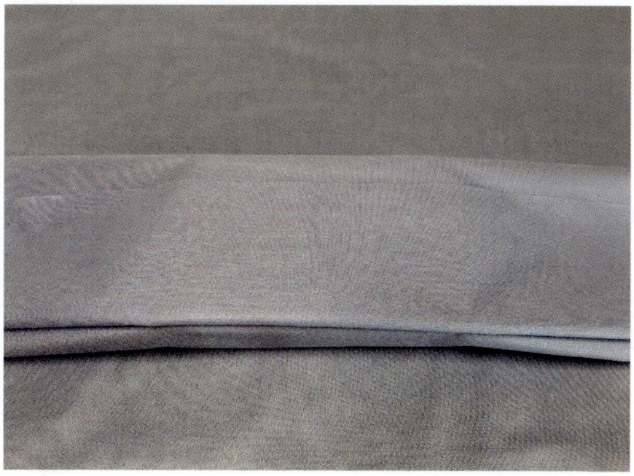

图 8-13 将上缘向下折叠，完全覆盖器械并回折

（4）折起医用无纺布的左缘，向右覆盖器械 / 物品，然后向左折回，形成折边（图 8-14）。

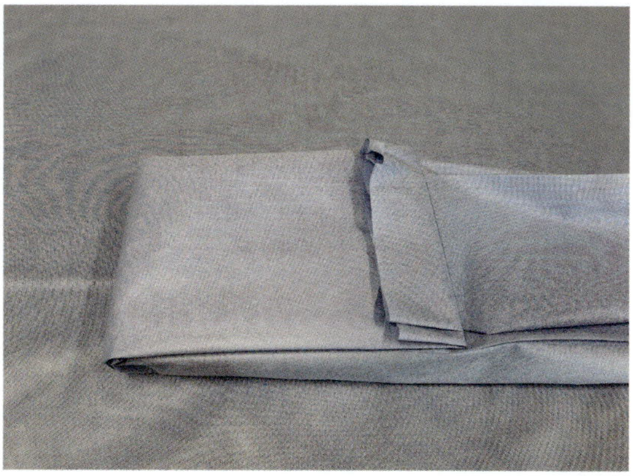

图 8-14 将左缘向右折叠，并回折形成折边

（5）折起医用无纺布的右缘，向左覆盖器械 / 物品，然后向右折回，形成折边（图 8-15）。

如所包装物品属于高度危险的手术物品，应使用两层包装材料，分两次包装，第二层包装方法同第一层的（2）～（4）步骤，然后折起医用无纺布的右缘，向左覆盖器械 / 物品，最后将包装材料向下向内折回，形成闭合包装。

图 8-15　将右缘向左折叠，并回折成折边

5．封包　用化学指示胶带固定灭菌包（图 8-16）。

图 8-16　封包

6．注明标识　粘贴包外 6 项标识，应正确、清晰、完整、无涂改，做到信息可追溯。

（二）信封式包装方法（以医用无纺布为例）

1．人员准备　工作人员着装规范，佩戴圆帽、口罩，穿工作服及工作鞋，操作前洗手或卫生手消毒。

2．物品准备　根据包装需要准备大小合适的医用无纺布、灭菌监测材料（化学指示卡、指示胶带等），以及装配好的器械 / 物品。

3．环境准备　在检查包装区进行包装，工作台面清洁干燥，物品摆放有序，环境条件符合要求。

4．包装

（1）将包装材料呈菱形置于桌面，一角指向操作者。将拟包装的器械/物品置于包装材料中间，且与桌边平行。放置包内化学指示物（图 8-17）。

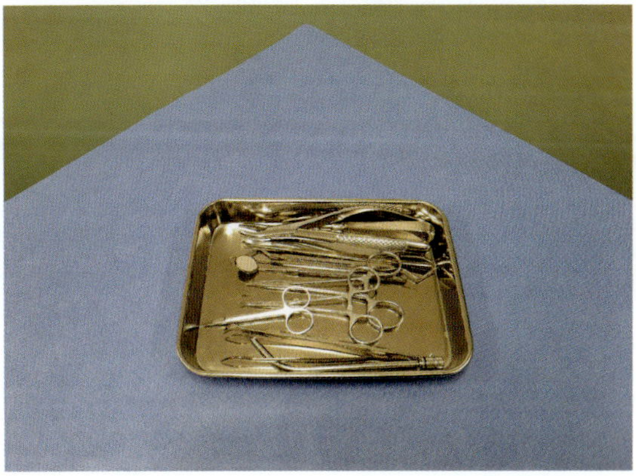

图 8-17 将器械置于包装材料中间

（2）提起包装材料下角，将器械/物品完全覆盖，再将包装材料的尖端折回，形成一个折角，方便使用者以无菌技术的方式打开无菌包（图 8-18）。

图 8-18 将下缘向上完全覆盖器械，然后反折

（3）将折叠包装材料左角向右折叠，完全覆盖器械/物品，再将包装材料的尖端向左折回形成折角（图 8-19）。

（4）将折叠包装材料右角向左折叠，完全覆盖器械/物品，再将包装材料的尖端向右折回形成折角（图 8-20）。

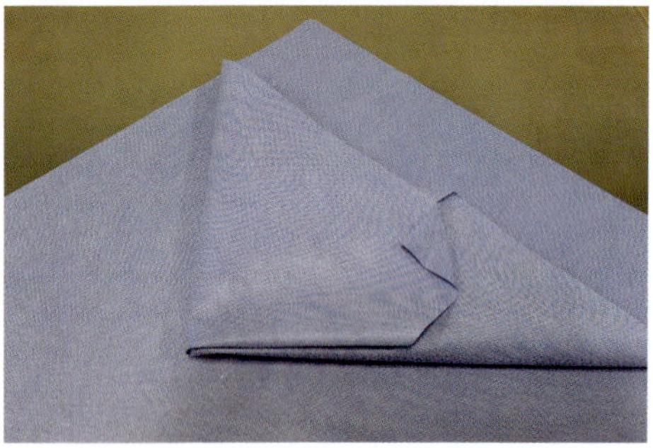

图 8-19　将左缘向右折叠完全覆盖器械，然后反折

图 8-20　将右缘向左折叠完全覆盖器械，然后反折

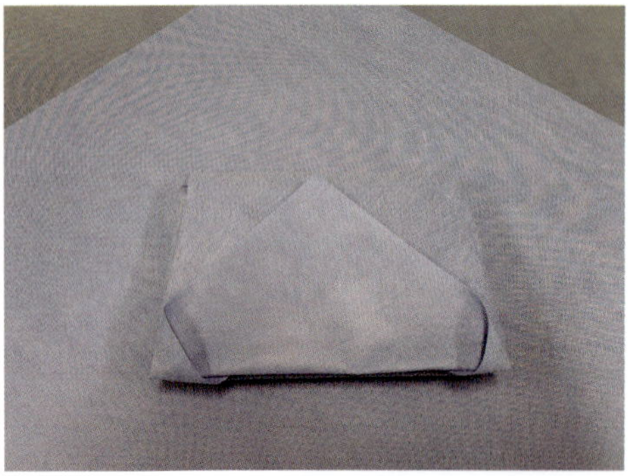

图 8-21　将上缘向下折叠完全覆盖器械，然后反折

（5）将包装材料的上角向下折叠，完全覆盖器械 / 物品，再将包装材料的尖端向上折回形成折角（图 8-21）。

第二层包装方法同第一层（2）～（4）的步骤，然后将包装材料的上角向下折叠完全包裹器械包。

5．封包　用化学指示胶带粘贴固定（图 8-22）。

6．注明标识　粘贴包外 6 项标识，标识应正确、清晰、完整、无涂改，做到信息可追溯（图 8-23）。

图 8-22　封包

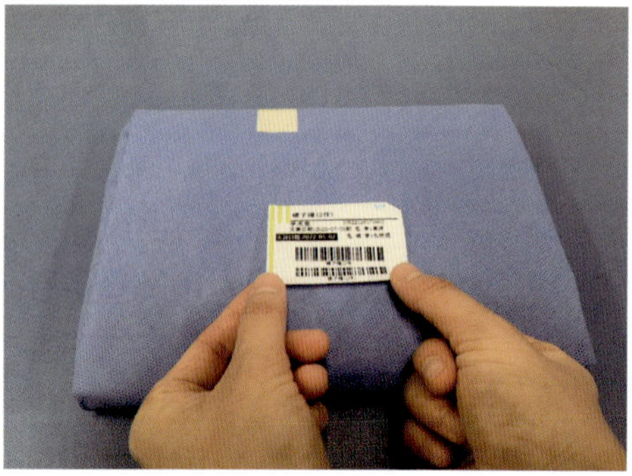

图 8-23　注明标识

（三）注意事项

1．若一个灭菌包内含有多个需独立使用的高度危险的口腔器械 / 物品，除

包外应标注 6 项标识外，包内每个独立器械 / 物品上也应标注 6 项标识，包内外标识信息一致。

2．应避免包内容物过量装载，降低湿包的风险。

3．普通棉布应一用一清洗，无污渍、无破损。

4．选择包装材料的规格、尺寸时，要考虑到使用过程对无菌区域面积的要求，例如折叠式包装的无菌包打开后，包装材料的下垂长度能形成符合要求的无菌区域。

三、密封式包装

密封式包装指使用医用热封机对纸袋、纸塑包装袋或特卫强包装袋等材料进行密封包装。

（一）设备及物品准备

1．设备　操作前进行医用塑封机性能测试，合格后设备可使用。

2．物品　纸塑包装袋或特卫强包装袋，包内化学指示物。

（1）平面袋：适用于体积小、重量轻的器械，是最常用的密封式包装材料。

（2）立体袋：可用于体积较大的器械包装。

（3）卷材：可根据器械长度进行裁剪使用。

（二）包装

1．根据器械规格和灭菌方式选择合适的包装袋或卷材。

2．将器械放入包装袋内，器械非工作端与包装开启的方向一致，避免打开包装取用时污染工作端（图 8-24）。

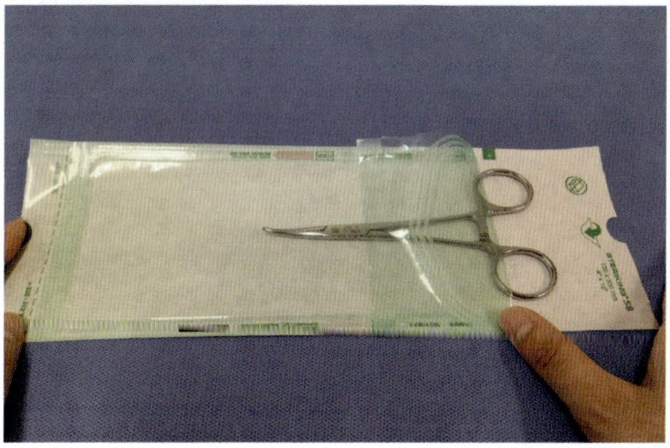

图 8-24　器械非工作端与包装开启的方向一致

3．根据需要放置包内化学指示物。

（三）密封

使用医用热封机进行包装袋密封，将包装袋开口置于封口机的触发起始处，塑面在上、纸面在下进行封口。密封宽度≥ 6mm，器械距密封袋边缘≥ 2.5cm。检查封口效果，确认封口线清晰，密封处无空白区域、边缘整齐无锯齿，无熔融。

（四）注明标识

每个待灭菌物品的包装袋外应标注 6 项标识，标识应正确、清晰、完整，无涂改，做到信息可追溯（图 8-25）。

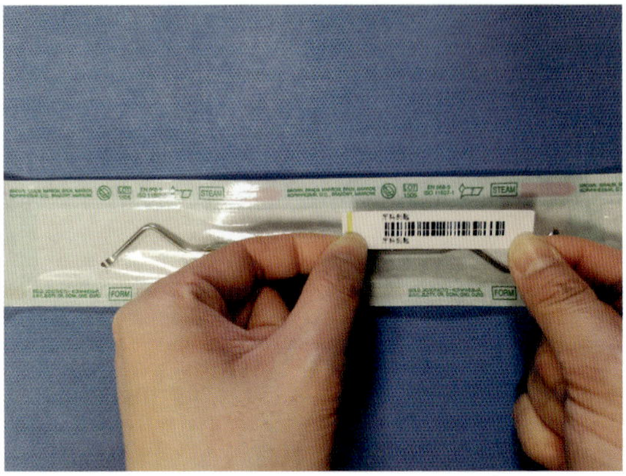

图 8-25　密封式包装粘贴追溯标签

（五）注意事项

1．锐利器械包装前应采取保护措施，避免包装袋破损（图 8-26）。

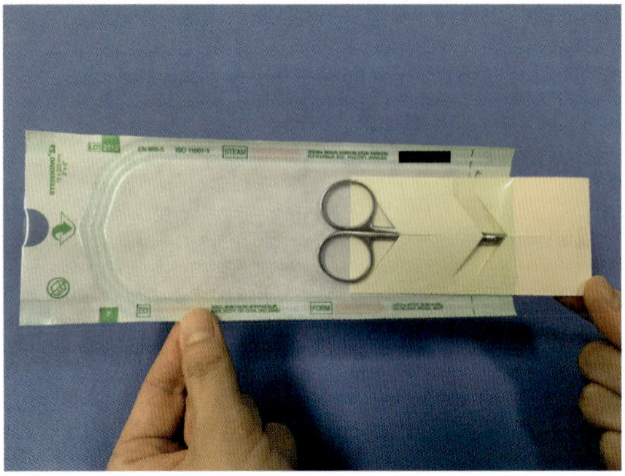

图 8-26　对锐利器械进行保护

2．每日操作前对医用热封机进行封口性能测试，监测封口机温度、压力、封口速度等参数，确认封口性能良好（图 8-27，图 8-28）。

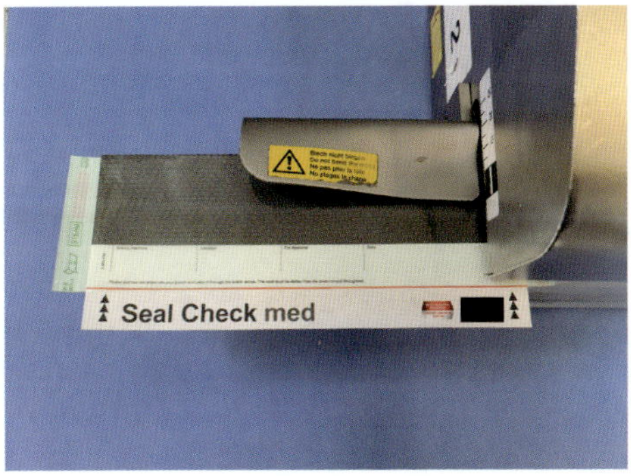

图 8-27　封口性能测试

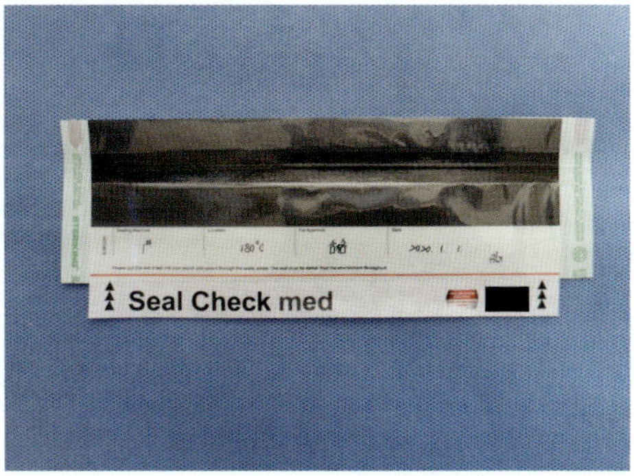

图 8-28　测试合格（纸塑包装袋）

3．特卫强包装袋密封时注意封口温度要符合产品说明书的要求，避免温度过高。因为特卫强材料在高温下会熔化，无法形成有效的无菌屏障（图 8-29）。

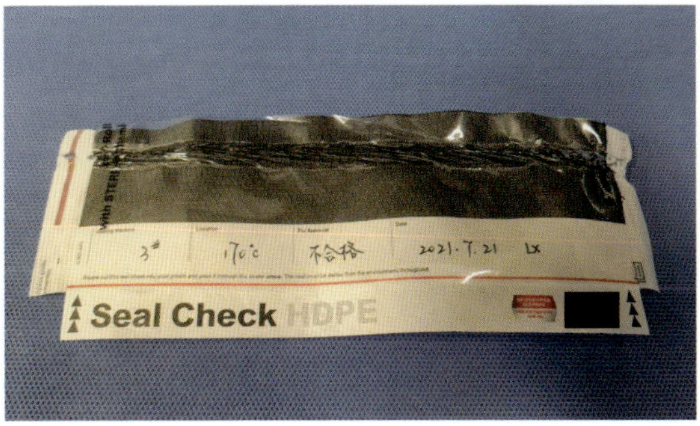

图 8-29　测试不合格（温度过高，特卫强包装袋熔化）

知识链接

封口性能测试的方法

将封口测试纸按要求装入纸塑包装开口处，塑面在上、纸面在下，平整地送入医用热封机中，检查封口线，若封口线清晰可见，边缘较为光滑，无缺损或突起，封口线之间无粘连现象即为测试合格。若测试不符合标准，应及时对医用热封机进行检查、维修，直至测试合格后方可使用。根据无菌物品有效期的规定，建议封口性能测试卡保存 180 天。

四、硬质容器包装

（一）物品准备

根据器械尺寸及重量，选择相匹配的硬质容器、一次性或可重复使用的滤纸、一次性锁扣（锁卡）、灭菌监测材料（包内化学指示物、包外指示胶带）等。

（二）包装

1．检查硬质容器（图 8-30）的完整性、清洗质量和干燥程度，其中完整性检查要点如下。

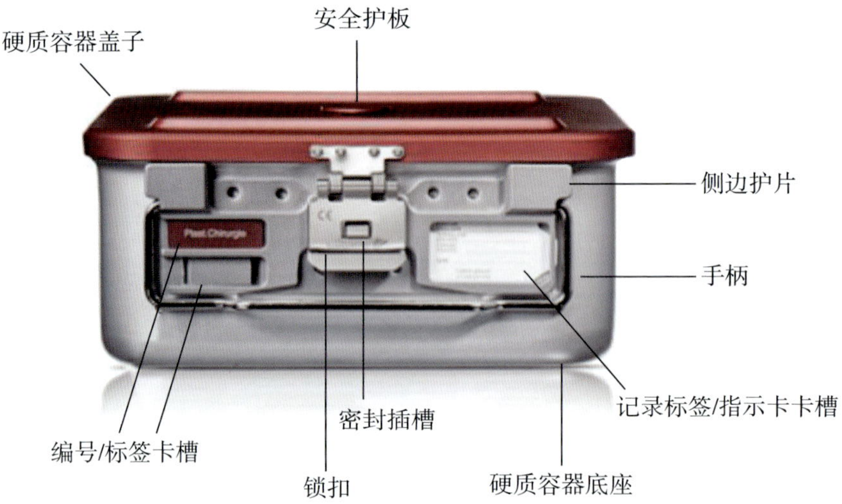

图 8-30　硬质容器

（1）盒盖、底座的边缘无变形，对合紧密。

（2）盒盖垫圈平整，无脱落。

（3）检查固定架的稳定性；遵循厂家说明书检查阀门。

（4）闭锁装置完好。

2．将器械合理码放入与硬质容器相匹配的网篮，将网篮放入容器内，妥善固定。

3．按要求放置包内化学指示物。

4．盖好盒盖，检查无松动。

（三）封包

1．闭锁装置完好，使用一次性锁扣（锁卡）封包。

2．粘贴包外化学指示物。

（四）注明标识

每个待灭菌物品包外应标注 6 项标识，做到信息可追溯。

（五）注意事项

1．使用方法应遵循生产厂家说明书和提供的灭菌参数。

2．每次使用后均应进行清洗、消毒、干燥处理。

3．一次性滤纸应每次更换，重复使用的滤纸应检查有无破损，保持清洁。

五、口腔科常见器械的包装

（一）牙科钻针类器械

牙科钻针等锐利器械应使用车针架或锉架固定后，使用纸塑包装袋包装。

1．单人、单次使用器械的盛放容器与包装见图 8-31、图 8-32。

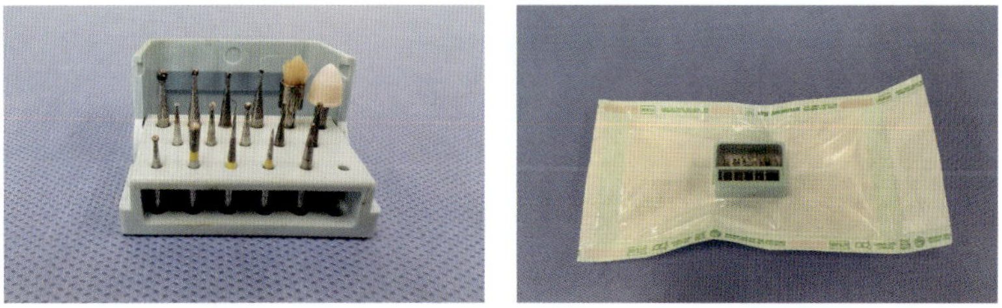

a．包装前　　b．包装后

图 8-31　单人、单次使用的车针

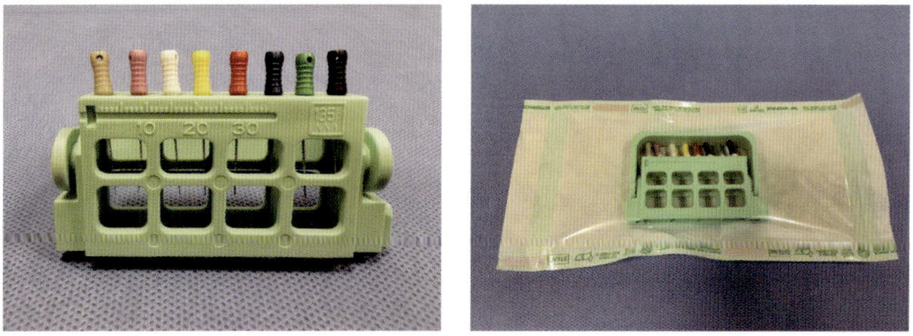

a．包装前　　b．包装后

图 8-32　单人、单次使用的锉针

2．限时（4 h 以内使用）多人使用时器械盛放容器与包装见图 8-33。

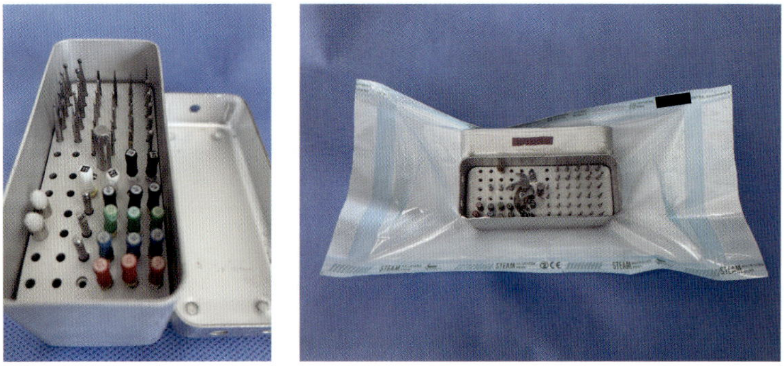

a．包装前　　　　b．包装后

图 8-33　限时多人使用的车针

（二）成套使用的器械

将日常诊疗过程中常用的器械组合成标准器械套装，使用器械盒或器械盘盛放，根据存储条件和要求，使用普通棉布或无纺布包装（图 8-34）。标准器械套装可简化器械的清洗、消毒流程，减少治疗过程中多次取用单件器械造成的交叉感染的风险，也减少拆封单个塑封包装的时间和成本消耗。

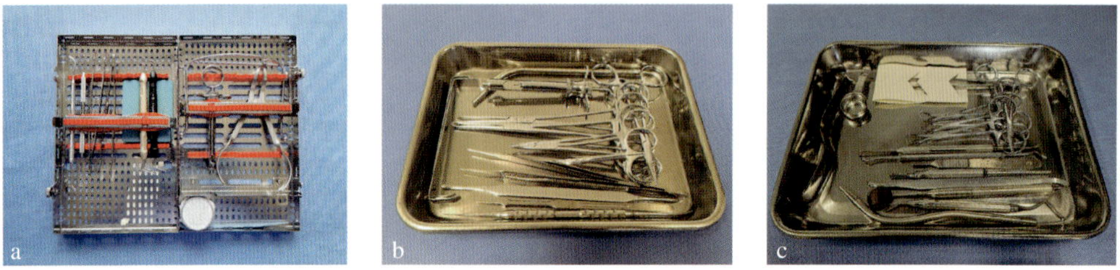

图 8-34　标准器械套装

a．成套使用的根管器械；b、c．不同的种植器械套装

（三）单件备用器械

将不适合与其他器械组套或需单件备用的器械使用纸塑包装袋包装（图 8-35）。

（四）贵重器械

贵重器械应使用专用器械盒对重点部位进行固定保护后再进行包装（图 8-36）。

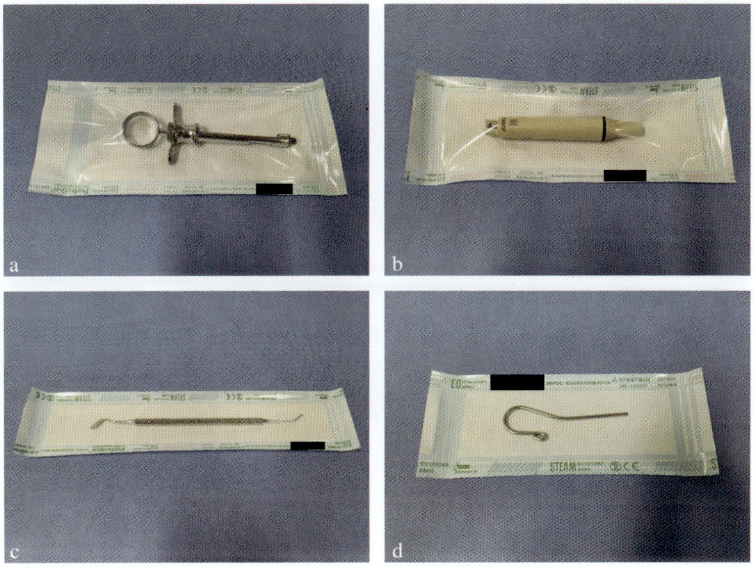

图 8-35 单件备用器械

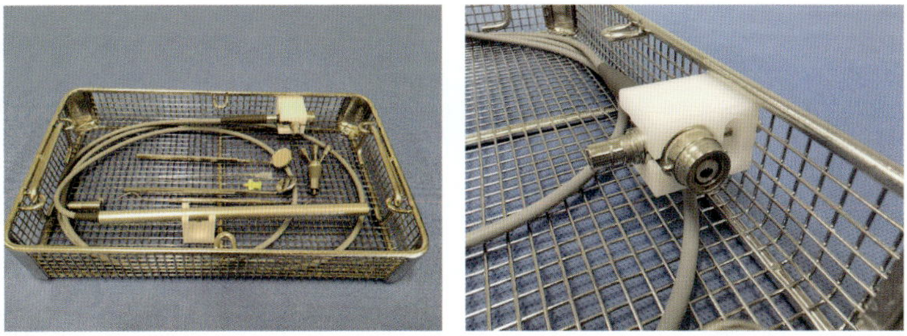

a. 内镜专用篮筐　　b. 重点部位使用保护装置

图 8-36 器械保护装置

（五）易损坏器械

易损坏器械包装时应加强器械与包装材料之间的缓冲，并尽量减少包装内空隙，宜选用棉布作为最终包装材料，避免因冲击造成破碎。

（六）低度、中度危险口腔器械 / 物品

低度、中度危险口腔器械 / 物品可不包装，消毒或灭菌后直接放入备用清洁容器内保存（图 8-37）。

图 8-37　低度、中度危险物品

（七）牙科手机的包装

见第十二章牙科手机的处理流程。

第九章

灭　　菌

灭菌是杀灭或清除医疗器械、器具和物品上一切微生物的处理过程。灭菌是器械处理过程中的重要步骤，临床工作中，根据器械、物品的种类和结构特点，正确选择和使用灭菌方法，以确保灭菌的有效性，防止发生患者间的交叉感染。

第一节　灭菌方式与原则

一、灭菌方式

常用的灭菌方式有压力蒸汽灭菌、低温灭菌（过氧化氢低温等离子体灭菌、环氧乙烷灭菌、低温蒸汽甲醛灭菌）和干热灭菌等。

（一）压力蒸汽灭菌

1．原理　压力蒸汽灭菌是利用湿热杀灭微生物。高温高压状态下的饱和蒸汽与灭菌物品充分接触时，饱和蒸汽凝结成水并释放出大量的潜热，使器械、物品的温度迅速升高、杀灭微生物，最终达到灭菌的目的。

2．优缺点

（1）优点：压力蒸汽灭菌是最常用的灭菌方式，其优点是适用范围广，灭菌周期短，技术相对简单，灭菌后的器械、物品无化学残留。

（2）缺点：若为大型灭菌器，设备占地面积较大，受布局限制。

3．适用范围　耐湿、耐热的器械、器具和物品首选压力蒸汽灭菌。

（二）过氧化氢低温等离子体灭菌

1．原理　在相对低的温度环境（＜ 60℃）和真空条件下，通过等离子发生器使灭菌舱内气化的过氧化氢形成过氧化氢等离子态，利用过氧化氢的强氧化能力对舱内器械、物品进行灭菌，并利用等离子技术分解残留的过氧化氢。灭菌程序包括真空期、过氧化氢注射期、扩散期、等离子期和通风期。

2．优缺点

（1）优点：灭菌时间相对较短，代谢物质为水和氧气，不需进行解析，不会对环境和人员造成危害。灭菌温度为 45 ～ 55℃，不会对器械、物品造成高温损坏。

（2）缺点：器械上的配件（如橡胶圈等）会因长时间进行低温过氧化氢灭菌而发生氧化；对器械清洗后的干燥要求尤为严格，一旦有水分残留则中断灭菌过程。

3．适用范围　过氧化氢低温等离子体灭菌适用于不耐热、不耐湿诊疗器械的灭菌，如电子仪器、光学仪器。不适用于布类、纸类、水、油类、粉剂等物品的灭菌。

（三）环氧乙烷灭菌

1．原理　环氧乙烷（100% 纯环氧乙烷气体）是灭菌剂，在一定条件下对微生物的蛋白质、DNA 和 RNA 产生非特异性的烷基化作用，使微生物失去新陈代谢所需的基本反应基，从而杀灭微生物。根据待灭菌物品的种类、包装方式和装载量，选择合适的温度、灭菌剂浓度和灭菌时间等参数。

2．优缺点

（1）优点：不会对塑料、金属、橡胶物品造成腐蚀，能穿透形态不规则、结构复杂的物品。可对不适用于干热灭菌、压力蒸汽灭菌及其他化学气体灭菌的器械、器具和物品进行灭菌。

（2）缺点：环氧乙烷气体易燃易爆且有毒性，灭菌后有一定的残留，需要较长的解析时间。

3．适用范围　环氧乙烷灭菌适用于不耐热、不耐湿的诊疗器械、器具和物品的灭菌，如电子仪器、纸质品、化纤制品、塑料制品、陶瓷及金属制品等。不适用于食品、液体、油脂类、粉剂类等物品的灭菌。

（四）低温蒸汽甲醛灭菌

1．原理　甲醛分子中的醛基可与微生物蛋白质和核酸分子中的氨基、羧基、羟基、巯基等发生反应，生成次甲基衍生物，从而破坏生物分子的活性，致微生物死亡，达到灭菌目的。低温蒸汽甲醛灭菌器采用甲醛溶液作为产生甲醛气体的原料，通过两个灭菌程序（灭菌温度 60℃的灭菌程序、灭菌温度 78℃的灭菌程序）对甲醛气体进行控制。在不同灭菌温度下、负压环境中，借助甲醛蒸汽的穿透作用，维持设定的灭菌时间，从而完成对物品的灭菌。

2．优缺点

（1）优点：在灭菌过程中，始终处于负压状态，不会造成气体泄漏，灭菌时间较短，价格低廉，应用广泛。

（2）缺点：灭菌后废弃物经下水道排出，易造成环境污染。虽灭菌时间较短，但需 4 ～ 6 h 环境通风，易造成呼吸道等损伤。

3．适用范围　低温蒸汽甲醛灭菌适用于不耐湿、不耐热的诊疗器械、器具和物品的灭菌，如电子仪器、光学仪器、肠镜、腹腔镜、合成材料物品。

（五）干热灭菌

1．原理　干热灭菌通过热传导使细胞中的蛋白质凝结而达到杀灭微生物的目的。不同于压力蒸汽灭菌，干热灭菌时没有水分，这使得热渗透的速度大大降低，因此是一种灭菌时间相对较长的灭菌方法。灭菌参数一般为灭菌温度 160℃，灭菌时间 120 min；灭菌温度 170℃，灭菌时间 60 min；灭菌温度 180℃，灭菌时间 30 min。

2．优缺点

（1）优点：能够穿透蒸汽不能渗透的密闭容器，不腐蚀锋利的金属器械；不侵蚀玻璃表面。

（2）缺点：灭菌用时较长，高温可能会损坏某些材料，可用于干热灭菌的包装材料和监测材料有限。

3．适用范围　干热灭菌适用于耐热、不耐湿及蒸汽或气体不能穿透物品的灭菌，如玻璃、金属、油类、粉剂等物品的灭菌。

二、灭菌原则

1．高度危险性的口腔器械均应一人一用一灭菌。

2．耐湿、耐热的口腔器械首选压力蒸汽灭菌，不耐热、不耐湿的器械应采用低温灭菌方法。

3．不应使用化学制剂进行器械的浸泡灭菌。因为化学制剂在配制及效果验证时不容易操作，且多数化学制剂容易因有机物的存在而失活。

4．耐热、不耐湿的器械（如碳钢材质）宜首选干热灭菌。

第二节 压力蒸汽灭菌

压力蒸汽灭菌是口腔诊疗机构最常用的灭菌方法。根据压力蒸汽灭菌器灭菌室容积的不同，可分为小型压力蒸汽灭菌器（灭菌室容积不超过 60L）和大型压力蒸汽灭菌器。口腔医疗机构主要使用小型压力蒸汽灭菌器，以下简称小型灭菌器。

一、小型压力蒸汽灭菌器

（一）分类

1．下排气式压力蒸汽灭菌器　利用重力置换的原理，使热蒸汽不断地由灭菌器的上方注入，冷空气从下方排气孔排出，最后饱和蒸汽完全取代冷空气，利用蒸汽释放的潜热使物品达到灭菌的效果。

下排气式压力蒸汽灭菌器适用于耐高温、耐湿物品的灭菌，主要用于微生物培养物、液体、药品，以及实验室废物和无孔物品的处理，不能用于油类和粉剂的灭菌。

常见的下排气式压力蒸汽灭菌器有普通型灭菌器和生物安全型灭菌器（用于灭菌血液标本和培养皿等的灭菌器）等。

2．预排气式压力蒸汽灭菌器　利用机械抽真空的原理，使灭菌器内形成负压，蒸汽得以迅速进入灭菌器并穿透到物品内部，利用蒸汽释放的潜热使物品达到灭菌的效果。

预排气式压力蒸汽灭菌器适用于管腔物品、多孔物品和纺织品等耐高温、高湿物品，不能用于液体、油类和粉剂的灭菌。

3．正压脉动排气式压力蒸汽灭菌器　利用脉动蒸汽冲压置换的原理，用饱和蒸汽反复交替冲压，通过压力差将冷空气排出，利用蒸汽释放的潜热使物品达到灭菌的效果。脉动过程中压力保持在大气压以上。

正压脉动排气式压力蒸汽灭菌器适用于不含管腔的固体物品及特定管腔、多孔物品。用于特定管腔、多孔物品灭菌时，需进行等同物品灭菌效果的检验。不能用于纺织品、医疗废物、液体、油类和粉剂的灭菌。

（二）操作步骤

1．灭菌前准备 每日设备运行前应进行安全检查。

（1）记录打印装置处于备用状态（图 9-1）。

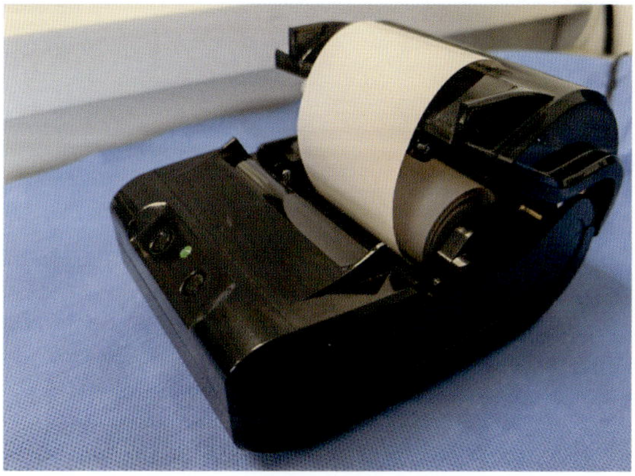

图 9-1 记录打印装置处于备用状态，打印纸充足

（2）灭菌柜门密封圈平整无松懈（图 9-2）。

（3）柜门安全锁扣能够灵活开、关。

（4）柜内冷凝水排出口通畅（图 9-3）。

图 9-2 黑色的密封圈平整无松懈

图 9-3 冷凝水排出口通畅

（5）电源、水源、水质等运行条件符合灭菌设备要求。

（6）遵循产品说明书对灭菌器进行预热。

2．物品装载

（1）遵循灭菌设备产品说明书的指导，使用灭菌托盘或灭菌架进行物品装载，装载量不可超过该灭菌器最大装载量（图 9-4）。

图 9-4　小型灭菌器满载

（2）使用灭菌架摆放有包装物品时，物品间应留有一定的间隙。

（3）使用托盘摆放无包装器械时应单层摆放，不可重叠；摆放纸塑袋包装的器械时，参考小型灭菌器的说明书确定纸面或塑料面的朝向，以利于蒸汽的穿透和排出（图 9-5）。

图 9-5　参考小型灭菌器的说明书，确定纸塑包装袋的纸面朝上

3．程序选择　根据待灭菌物品的危险性级别和物品类型（如实心器械、管腔器械、织物类、有无包装）选择正确的灭菌程序（图 9-6），观察并记录灭菌时的温度、压力和时间等灭菌参数及设备运行状况。

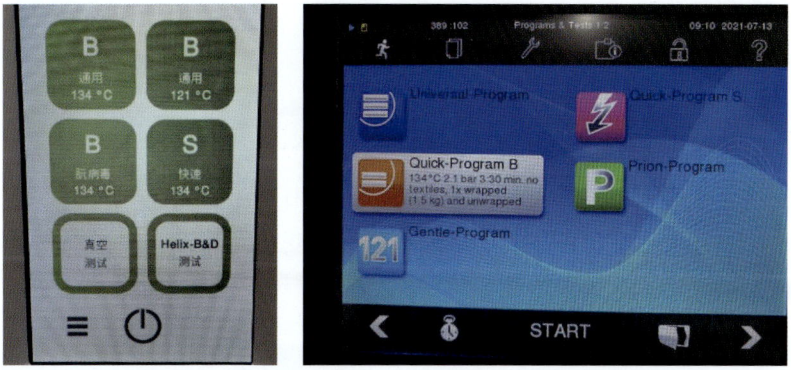

图 9-6　不同品牌小型灭菌器的灭菌程序

根据装载物品的类型可将灭菌周期分为 B 类、N 类和 S 类，各类灭菌周期的装载物品类型见表 9-1。

表 9-1　灭菌周期及其装载物品类型

灭菌周期	装载物品类型
B 类灭菌周期	有包装和无包装的实心器械、A 类空腔器械和多孔渗透性物品
N 类灭菌周期	无包装的实心器械，不能用于牙科手机
S 类灭菌周期	制造商规定的特殊灭菌物品，包括无包装实心器械和至少以下 1 种情况：多孔渗透性物品、小量多孔渗透性条状物、A 类空腔器械、B 类空腔器械、单层包装物品和多层包装物品

知识链接

空腔器械分类

A 类空腔器械：

单端开孔，管腔长度（L）与孔直径（D）的比率为 $1 \leqslant L/D \leqslant 750$，并且长度 L ≤ 1500 mm；

或两端开孔，管腔长度（L）与孔直径（D）的比率为 $2 \leqslant L/D \leqslant 1500$，并且长度 L ≤ 3000 mm，且不属于 B 类空腔。

B 类空腔器械：

单端开孔，管腔长度（L）与孔直径（D）的比率为 $1 \leqslant L/D \leqslant 5$，而且孔径 $D \geqslant 5$ mm；

或两端开孔，管腔长度（L）与孔直径（D）的比率为 $2 \leqslant L/D \leqslant 10$，而且孔径 $D \geqslant 5$ mm。

4．物品卸载

（1）灭菌程序运行结束，灭菌器发出警报声，检查灭菌运行过程中的物理打印记录，参数符合《口腔器械消毒灭菌技术操作规范》（WS 506—2016）的要求，视为该批次灭菌的物理监测合格（图 9-7）。

（2）打开灭菌器舱门，将灭菌架从灭菌舱中取出，观察监测该灭菌批次的化学指示物（图 9-8），若指示物颜色及性状的变化达到制造商标定的要求，确认该批次灭菌合格。

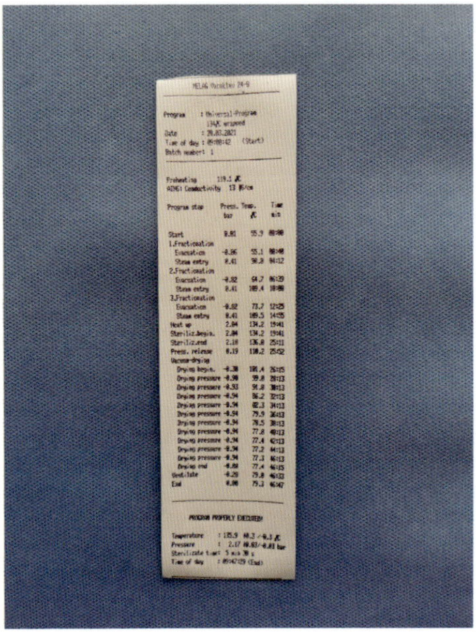

图 9-7　小型灭菌器的物理参数打印记录单

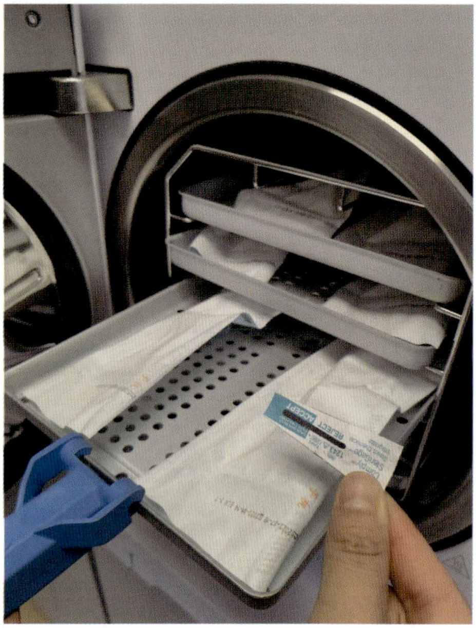

图 9-8　取出灭菌后物品，查看化学指示物

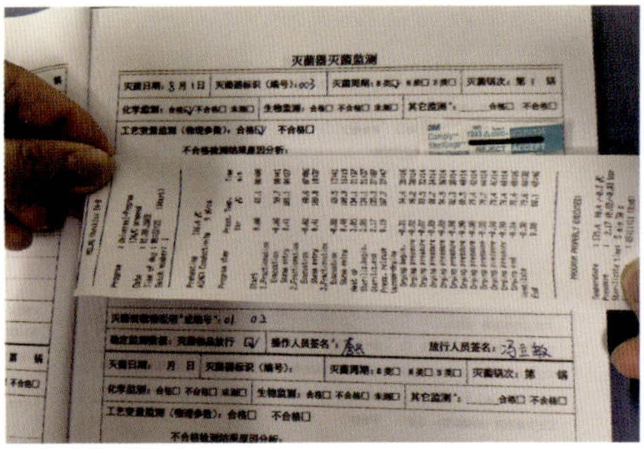

图 9-9　粘贴运行记录和化学指示物

（3）将取出的灭菌物品放置于远离空调通风口的位置，冷却 30 min。

（4）逐一检查该批次的灭菌物品，观察每个灭菌包的包装是否完好，有无湿包等现象。

（5）将物理监测及化学监测结果粘贴在小型灭菌器灭菌运行记录本上并签字（图 9-9）。

（6）如发生以下情况中的任意 1 种，则灭菌包不能进行下一步的储存及发放：

1）包装破损、冷却结束后包外仍潮湿或有水珠。

2）灭菌包掉落地面或发生其他可能被污染的情况。

3）物理监测或化学监测不合格。

5．注意事项

（1）灭菌器应配有灭菌架或托盘，托盘应有足够的孔隙使蒸汽穿透（图 9-10）。

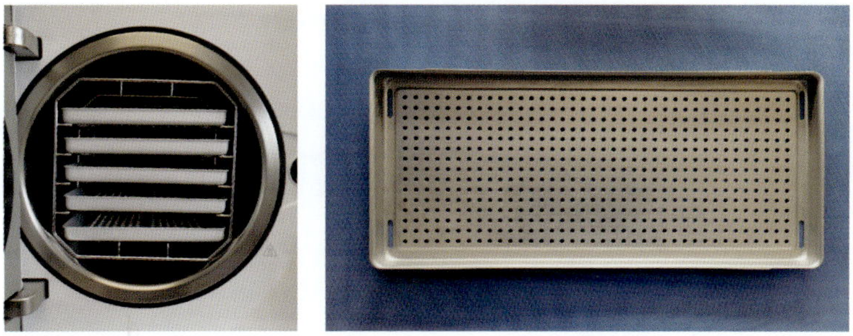

图 9-10　小型灭菌器灭菌架及托盘

（2）配套使用器械应分开灭菌，如牙科手机与钻针、洁治器手柄与工作尖等分开包装、灭菌（图 9-11）。

（3）待灭菌物品应干燥后装入灭菌器内。

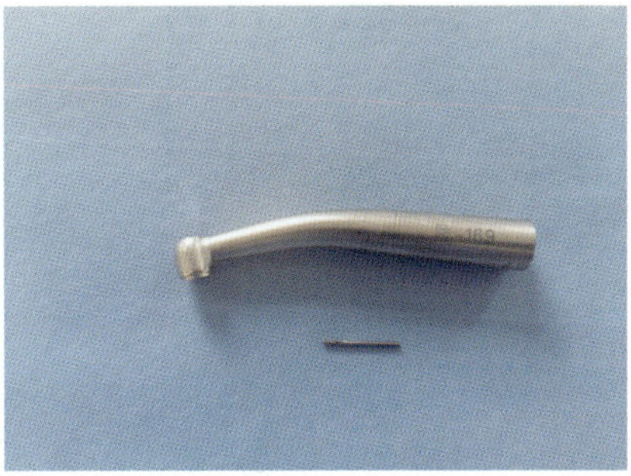

a．牙科手机与钻针

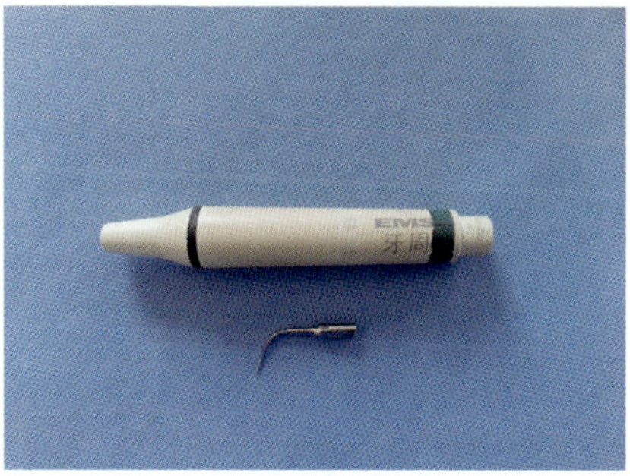

b．洁治器手柄与工作尖

图 9-11　配套使用器械应分开灭菌

二、大型压力蒸汽灭菌器

（一）灭菌前准备

1．安全检查

(1) 灭菌器压力表指针处在“0”的位置(图 9-12)。

(2) 记录打印装置处于备用状态(图 9-13)。

(3) 灭菌器柜门密封圈平整无损坏(图 9-14),安全锁扣灵活、安全有效。

图 9-12 大型灭菌器的压力表

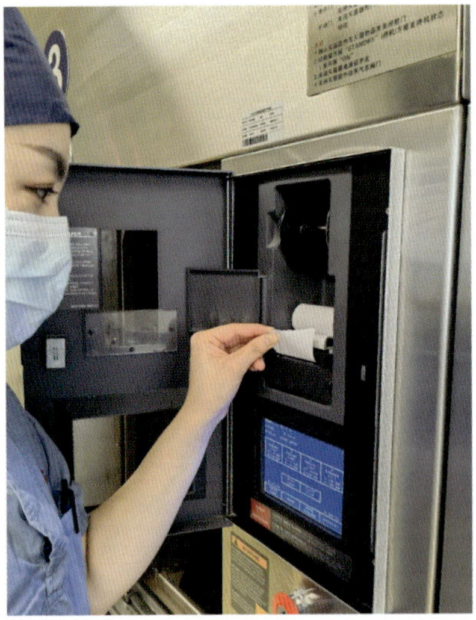

图 9-13 记录打印装置处于备用状态,打印纸充足

图 9-14 黑色密封圈平整无损坏

(4) 灭菌柜内冷凝水排出口通畅,柜内壁清洁;电源、水源、蒸汽、压缩空气等运行条件符合设备要求(图 9-15)。

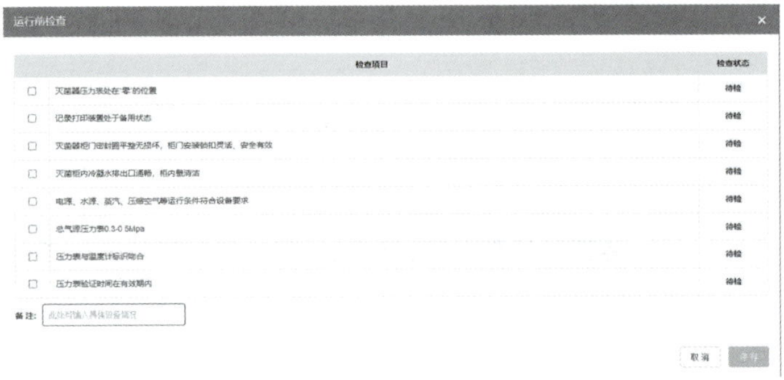

运行前检查

	检查项目	检查状态
☐	灭菌器压力表处在“零”的位置	待检
☐	记录打印装置处于备用状态	待检
☐	灭菌器柜门密封圈平整无损坏,柜门安装锁扣灵活、安全有效	待检
☐	灭菌柜内冷凝水排出口通畅,柜内壁清洁	待检
☐	电源、水源、蒸汽、压缩空气等运行条件符合设备要求	待检
☐	总气源压力表0.3-0.5Mpa	待检
☐	压力表与温度计标识吻合	待检
☐	压力表验证时间在有效期内	待检

备注:

取消

图 9-15 安全检查表单

2．遵循产品说明书对灭菌器进行操作，运行预热、测漏程序。

3．每日灭菌运行前空载进行 B-D 测试（Bowie-Dick 测试）。

知识链接

B-D 测试

B-D 测试是由英国爱丁堡大学的 Bowie 与 Dick 在 1963 年提出，用于测试灭菌器是否能成功去除冷空气。测试要求为：①测试时先预热灭菌器，将测试包放于灭菌柜内灭菌车底层，靠近柜门与排气口的位置；②柜内除测试包外无任何物品；③在 134℃环境下，时间不超过 3.5 min；④取出测试包，观察 B-D 测试纸颜色变化。B-D 测试纸均匀变色一致，说明 B-D 测试通过，则灭菌器可以使用。变色不均说明 B-D 测试失败，可再重复一次 B-D 测试，若合格，则灭菌器可以使用；若不合格，需检查 B-D 测试失败的原因，直至 B-D 测试通过后该灭菌器方能使用。

（二）物品装载

1．应使用专用灭菌架或篮筐装载灭菌物品，灭菌包之间应留间隙，以便蒸汽渗透和疏散。

2．宜将同类材质的器械、器具和物品，置于同一批次进行灭菌，以便空气流通和冷凝水排出。

3．材质不相同时，纺织类物品应放置于上层，竖放，金属器械类放置于下层。应防止冷凝水滴落于下层灭菌物品造成湿包。

4．手术器械包、硬质容器应平放，盆、盘、碗类物品应斜放，玻璃瓶等底部无孔的器皿类物品应倒立或侧放，纸袋、纸塑包装物品应侧放，利于蒸汽进入和冷空气排出（图 9-16，图 9-17）。

图 9-16　纺织类物品置于上层，竖放；手术器械包平放；金属器械类置于下层

图 9-17　纸塑包装袋侧放

5．选择下排气压力蒸汽灭菌程序时，宜将大包摆放于上层，小包摆放于下层。

(三) 程序选择

根据灭菌物品的性质选择相应灭菌程序，如器械类灭菌程序、敷料类灭菌程序、橡胶类灭菌程序（图 9-18）。观察并记录灭菌时的温度、压力和时间等灭菌参数及设备运行状况。

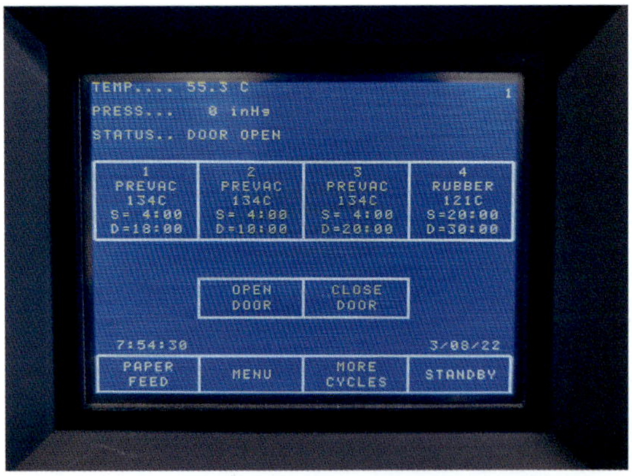

图 9-18　大型灭菌器的灭菌程序选择

(四) 物品卸载

1．灭菌周期结束后，从灭菌器卸载、取出物品，冷却时间＞ 30 min。待灭菌物品冷却至室温，确保灭菌物品上的水分蒸发与干燥。

2．双人核对灭菌参数（如温度 134℃，最短灭菌时间 4 min，压力 201.7 ～ 229.3 kPa）、化学指示物的颜色变化情况，确认灭菌过程是否合格并记录。灭菌结果应符合《医院消毒供应中心　第 2 部分：清洗消毒及灭菌技术操作规范》

（WS 310.2—2016）的要求。

3．检查有无湿包，湿包不应储存与发放，分析原因并改进。

4．无菌包掉落地面或误放到不洁处应视为被污染，须重新处理。

（五）注意事项

1．使用脉动预真空压力蒸汽灭菌器时，敷料类包重量不超过 5 kg，器械类包重量不超过 7 kg。待灭菌包的体积不应超过 30 cm × 30 cm × 50 cm。

2．管腔类器械不应使用下排气压力蒸汽灭菌方式进行灭菌。

3．装载时应检查包装完好性，包外标识应清晰完整。

4．未经冷却的灭菌包不能用手触摸或直接放置于冷的物体表面。

5．装载和卸载操作前应做好手卫生。

三、压力蒸汽灭菌器的维护

灭菌器的保养与维护是保证设备正常运行及物品灭菌质量的重要前提，良好的维护保养可延长设备使用寿命，保证设备的工作状态，确保灭菌有效性。

1．应遵循设备的使用说明或指导手册，对灭菌器定期进行预防性维护与保养、日常清洁和检查。

2．灭菌器操作人员每日进行灭菌器的日常维护并记录，包括检查灭菌器柜门密封圈、排放滤网、灭菌舱内外表面的清洁、更换灭菌器打印纸等。

（1）检查灭菌器柜门，密封圈应清洁，与门封槽贴合紧密。密封圈无裂纹、缺口及断裂。无胶痕、杂质。

（2）检查灭菌器舱内表面清洁，冷凝水排出口应无杂物，排放滤网应保持清洁。

（3）打开疏水管道阀门，排出管道沉积的冷凝水。

（4）打印装置的打印纸充足，打印字迹清晰。

3．灭菌器的年度维护、维修或调试均由有资质的专业工程师进行，并形成文字记录。相关文件在灭菌器日志中至少留存 2 年，供后期参考。

4．大型灭菌器的压力表应每半年检测 1 次，安全阀应每年检测 1 次。应每年使用温度压力检测仪对灭菌程序的温度、压力和时间进行检测，检测仪探头放置于最难灭菌的部位。

5．小型灭菌器配有水箱，以供产生蒸汽。若为开放式水箱（图 9-19，图 9-20），应每日工作结束后排尽余留水，并进行清洁，以减少生物膜的形成。小型灭菌

图 9-19　顶部带开放式水箱的小型灭菌器

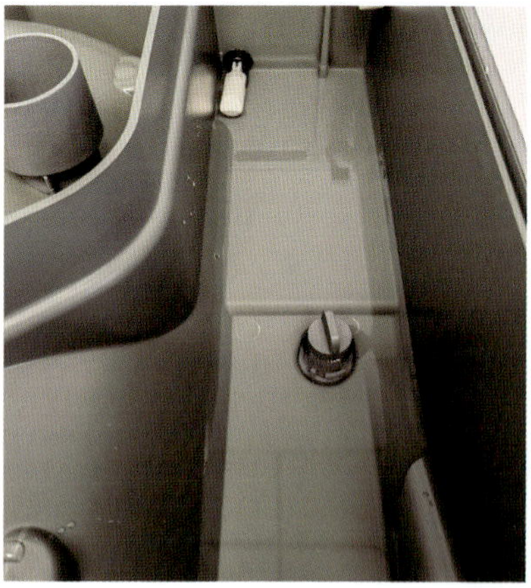

图 9-20　开放式水箱每个工作日结束后均应打开清洁

器使用满 12 个月或出现故障时应由专业人员进行全面维护。

6．若发生灭菌物理参数及化学监测不合格情况，灭菌器应暂停使用，由专业工程师查找灭菌失败原因并维修，重新调整、监测合格后灭菌器方可再次使用，并记录全过程。

7．压力蒸汽灭菌器蒸汽用水是压力蒸汽灭菌器形成蒸汽时需要的水，其质量应符合《医院消毒供应中心　第 1 部分：管理规范》（WS 310.1—2016）附录 B 的要求（表 9-2）。可靠的、质量可控的灭菌蒸汽用水能减少水中杂质对灭菌设备和灭菌质量的影响，延长灭菌设备的使用寿命。自带蒸汽发生器的灭菌器用水水质标准应参考产品说明书。

表 9-2　压力蒸汽灭菌器蒸汽用水的质量指标

项目	指标
蒸发残留	≤ 10 mg/L
氧化硅（SiO_2）	≤ 1 mg/L
铁	≤ 0.2 mg/L
镉	≤ 0.005 mg/L
铅	≤ 0.05 mg/L
除铁、镉、铅以外的其他重金属	≤ 0.1 mg/L
氯离子（Cl^-）	≤ 2 mg/L
磷酸盐（P_2O_5）	≤ 0.5 mg/L
电导率（25℃时）	≤ 5 μS/cm
pH 值	5.0 ～ 7.5
外观	无色、洁净、无沉淀
硬度（碱性金属离子的总量）	≤ 0.02mmol/L

第十章 灭菌监测

灭菌过程是肉眼不可见的特殊过程，其有效性需要使用灭菌监测技术和灭菌监测材料等方式来完成。按照不同灭菌方式的要求，灭菌监测通常联合使用物理监测、化学监测及生物指示剂培养的方法，对灭菌器及灭菌物品进行日常每批次的监测和定期监测，监测结果应符合《医院消毒供应中心　第 3 部分：清洗消毒及灭菌效果监测标准》（WS 310.3—2016）的要求。

第一节　压力蒸汽灭菌监测

一、监测材料

灭菌监测材料是对灭菌过程中的关键参数（如灭菌时间、灭菌温度、灭菌压力和水等）进行监控的材料。灭菌监测材料包括化学指示物和生物监测指示物。

（一）化学指示物

化学指示物是一种通过指示物发生化学反应后的颜色和性状变化，监测灭菌过程的温度、压力、时间等一项或多项指标是否合格的材料。化学指示物有包内化学指示物和包外化学指示物，产品标准应符合《医疗保健产品灭菌　化学指标物　第 1 部分：通则》（GB 18282.1—2015）的要求，化学指示物应在有效期内使用。

常用的化学指示物有 6 类，具体如下：

1．一类化学指示物　为过程指示物，对一个或多个灭菌关键参数起反应，用于表明该灭菌单元（灭菌包、容器）曾直接暴露于灭菌过程，并区分该单元是否已灭菌（图 10-1）。一类化学指示物常置于灭菌包的包外。常见的一类化学指示物有封包胶带、追溯条码及纸塑袋上的变色条块等。使用者拿到灭菌包后，通过查看一类化学指示物变色情况判断该灭菌包是否已灭菌，是否可以继续打开。

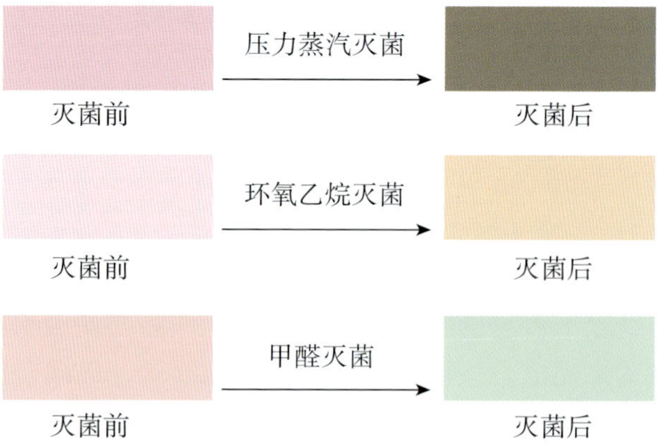

图 10-1　某过程指示物灭菌前后对比

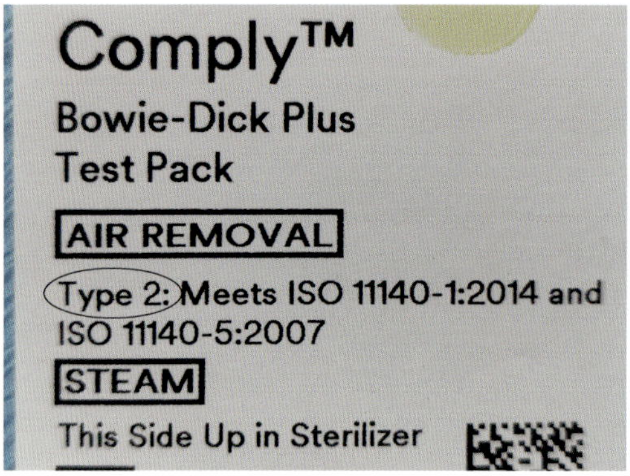

图 10-2　二类化学指示物标识

2．二类化学指示物　用于特定测试的指示物，用于灭菌器 / 灭菌标准中规定的特定测试步骤（图 10-2）。B-D 测试所用测试卡为二类化学指示物。灭菌器操作人员通过查看二类化学指示物变色是否合格，判断灭菌器当日是否可以继续使用（图 10-3）。

3．三类化学指示物　为单变量指示物，仅对灭菌过程中一个关键

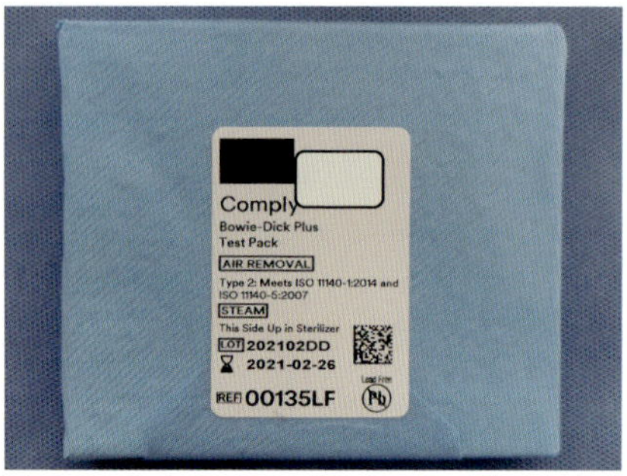

a．标准 B-D 测试包

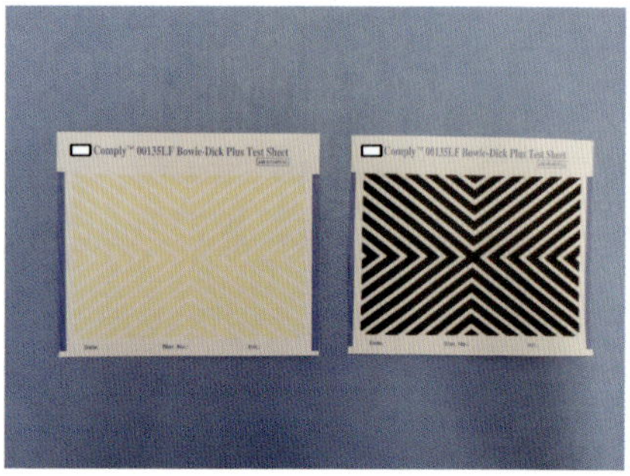

b．测试包内的测试纸灭菌前后对比

图 10-3　B-D 测试包

变量起反应，使用时置于灭菌包内，用于表明在灭菌单元所暴露的灭菌周期中，起反应的变量达到了标定值。现临床不常用。

4．四类化学指示物　为多变量指示物，对两个或多个灭菌关键变量起反应，用于表明在其所暴露的灭菌周期中，监测的灭菌关键变量达到了标定值。常见的四类化学指示物如包内化学指示卡（图 10-4）。使用者通过查看四类化学指示物变色情况判断该灭菌包是否可以使用。四类化学指示物的变色及结果判断受包内冷凝水的影响，建议用于敷料类灭菌包或包内金属器械较少的情况。

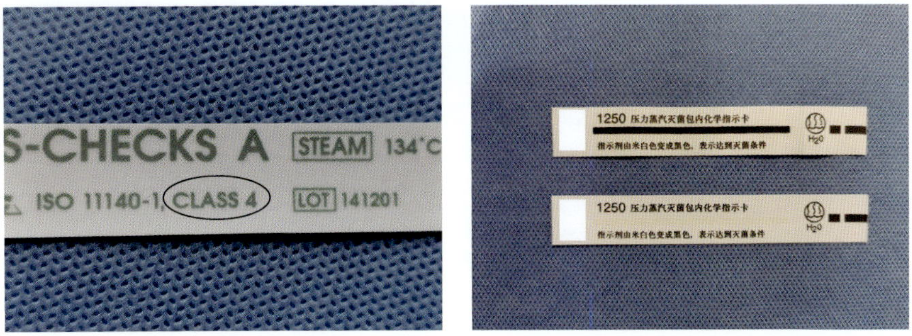

a．四类化学指示物标识　　b．四类化学指示物灭菌前后对比

图 10-4　四类化学指示物

5．五类化学指示物　为综合指示物，对所有灭菌关键变量起反应。常见的五类化学指示物为包内爬行卡（图 10-5）。通过查看指示物越过合格线的情况，判断该灭菌包是否可以使用。五类化学指示物结果的判断不受灭菌包内冷凝水的影响，更适用于金属器械数量较多的灭菌包。

a．五类化学指示物标识　　b．五类化学指示物灭菌前后对比

图 10-5　五类化学指示物

6．六类化学指示物　为模拟指示物，是灭菌周期验证指示物，对特定灭菌周期的所有灭菌关键变量起反应，其标定值是从特定灭菌过程的关键变量中产生的。可根据灭菌时间的要求，选择使用对应的六类化学指示物。六类化学指示物为包内指示物，应放置于包内最难灭菌的部位。使用者通过查看六类化学指示物变色情况判断该灭菌包是否可以使用。

（二）生物指示物

生物指示物由生物芽孢及培养介质组成，可直接反映灭菌效果（图 10-6）。使用时将生物指示物置于灭菌包内最难灭菌部位。灭菌后，使用专门的生物培养阅读器（图 10-7）对生物指示物进行培养（培养时间参考不同产品的说明书），根据培养结果判断灭菌是否合格。若有细菌生长，说明灭菌过程未能将其杀灭，该次灭菌失败；若无细菌生长，说明灭菌合格。

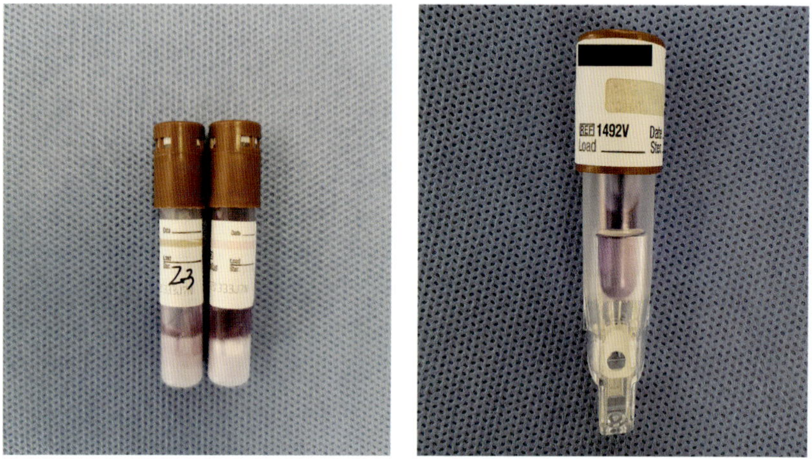

图 10-6　不同型号的生物指示物

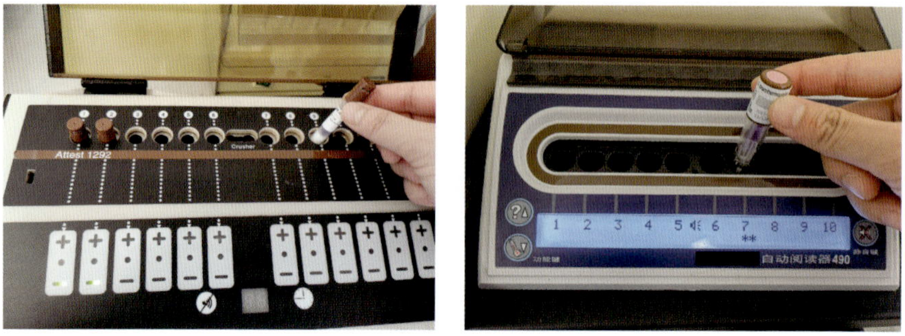

图 10-7　不同规格的生物培养阅读器

压力蒸汽灭菌生物指示物为嗜热脂肪杆菌芽孢，标准应符合《医疗保健产品灭菌　生物指示物　第 1 部分：通则》（GB 18281.1—2015）的要求。

二、监测方法

（一）物理监测

通过灭菌器自动控制系统对时间、温度、压力等关键物理参数进行监测和记录的方法。此方法的依据是若温度、压力、时间均达标，则结果就是可预知的灭菌成功。物理监测能反馈灭菌设备性能，及时监测到设备的故障。

1．监测方法

（1）日常监测：每一个灭菌周期应连续监测并记录灭菌温度、压力、时间等物理参数，由灭菌器自动监控并打印（图 10-8）。

（2）定期监测：应每年由专业人员用温度压力检测仪（图 10-9）监测温度、压力和时间等灭菌参数，检测仪探头放置于最难灭菌的部位。

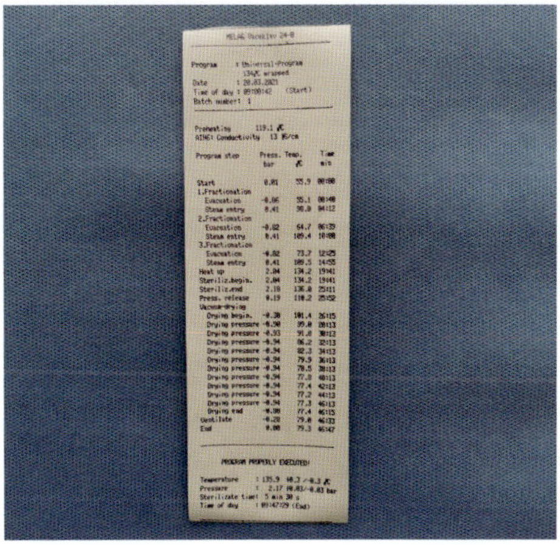

图 10-8　小型压力蒸汽灭菌器物理监测记录

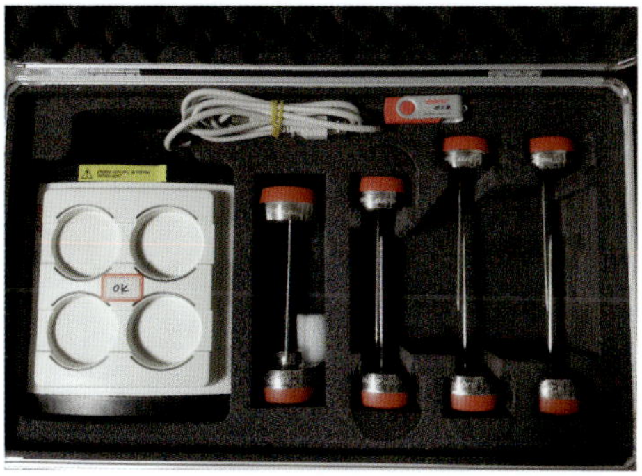

图 10-9　温度压力测仪

2．监测结果判定　灭菌温度波动范围在 +3℃（小型灭菌器的温度波动范围参考灭菌器的产品说明书）、灭菌时间满足最低灭菌时间的要求、灭菌压力 201.7 ~ 229.3 kPa，为物理监测结果合格，否则为物理监测不合格。物理监测不合格的灭菌物品不得发放，应及时分析原因进行改进，直至监测结果符合要求。

（二）化学监测

利用化学物质针对某一灭菌因子的敏感性，使其发生颜色或性状的改变，以指示灭菌因子的强度（浓度）和作用时间是否符合灭菌处理要求。化学监测能反映灭菌装载及每个包装的灭菌情况。化学监测适用于日常监测。

1．监测方法

（1）每个灭菌周期应进行化学监测：应按照灭菌装载物品的种类选择具有代表性的过程挑战装置（process challenge device，PCD）进行监测，PCD 应放置于灭菌器最难灭菌的位置；灭菌结束后记录监测结果。对小型灭菌器的每个灭菌周期进行化学监测时，应将包内化学指示物放置在常用的、有代表性的灭菌包或盒内，置于灭菌器最难灭菌的部位。裸露灭菌的实心器械可将包内化学指示物放置于器械旁进行监测（图 10-10），空腔器械可选择管腔型化学 PCD 进行监测（图 10-11）。灭菌结束后将监测结果记录在灭菌运行记录表中。

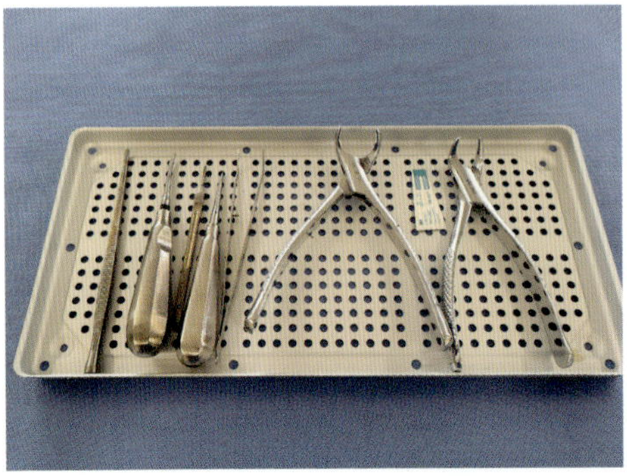

图 10-10　裸露灭菌时化学指示物放置于物品旁边

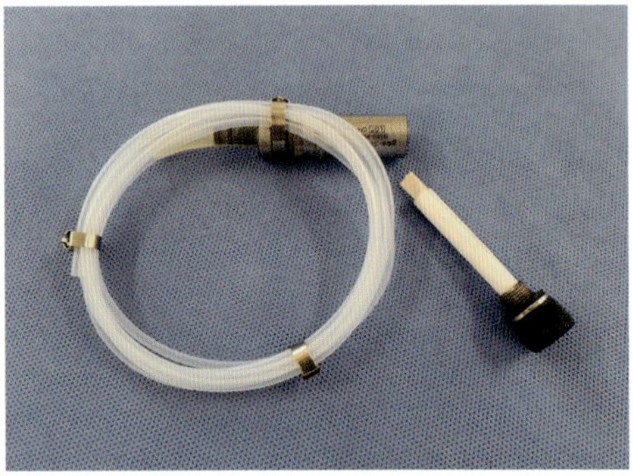

图 10-11　管腔型化学 PCD

（2）应进行包内、包外化学指示物监测：灭菌包包外应有化学指示物，高度危险性物品包内还应放置包内化学指示物，并置于最难灭菌的位置。如果透过包装材料可直接观察包内化学指示物变化，则不必放置包外化学指示物（图 10-12）。

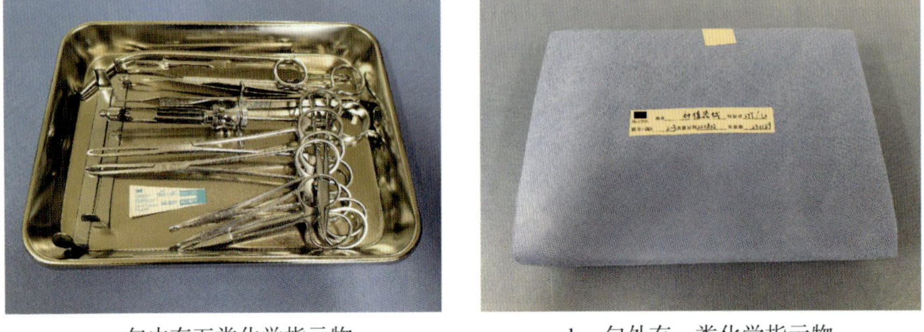

a．包内有五类化学指示物　　b．包外有一类化学指示物

图 10-12　使用包内、包外化学指示物

知识链接

PCD

PCD 是对灭菌过程具有特定抗力的装置，用于评价灭菌过程的有效性。

2．监测结果判定

（1）观察化学指示物颜色及性状的变化，达到制造商标定的要求为灭菌合格，否则为不合格（图 10-13）。

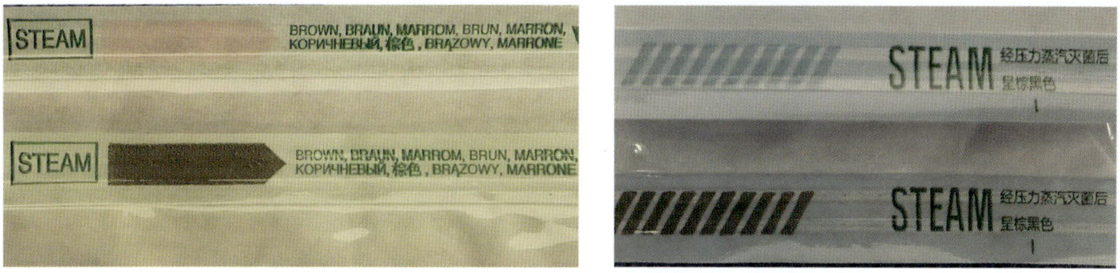

图 10-13　不同品牌纸塑包装袋灭菌前后的变色对比

（2）包外化学监测不合格的灭菌物品不得发放，包内化学监测不合格的灭菌物品和湿包不得使用。应分析原因进行改进，直至监测结果符合要求（图 10-14）。

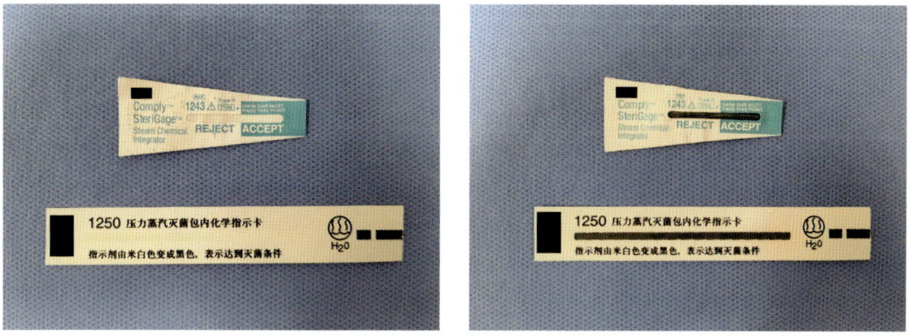

图 10-14　包内化学指示物灭菌前后变色对比

（三）生物监测

使用能对特定灭菌过程具有特定抗力的生物指示物进行监测的方法为生物监测。生物指示物中含有高抗力的微生物，可以直接反映灭菌过程对微生物的杀灭能力。

1．监测方法

（1）日常监测：灭菌植入物时，应每批次进行生物监测。

1）小型压力蒸汽灭菌器一般无标准生物监测包，应选择灭菌器常用的、有代表性的灭菌物品制作生物测试包或生物 PCD，置于灭菌器最难灭菌部位，且灭菌器应处于满载状态（图 10-15）。生物测试包或生物 PCD 应侧放，体积大时可平放。经一个灭菌周期后，取出生物指示物，培养后观察其颜色变化。

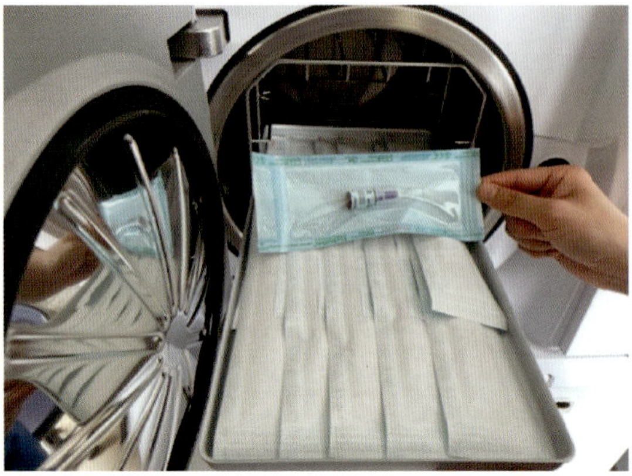

图 10-15　小型灭菌器生物指示物放置位置为舱内前部，排气孔上方

2）大型灭菌器进行生物监测时，将标准生物监测包或生物 PCD 置于灭菌器排气口上方或生产厂家建议的灭菌器内最难灭菌部位（图 10-16）。经一个灭菌周期后，取出生物指示物进行培养，培养时设同批号的阳性对照。若一天内进行多次生物监测，且生物指示物为同一批号，则只需设一次阳性对照。

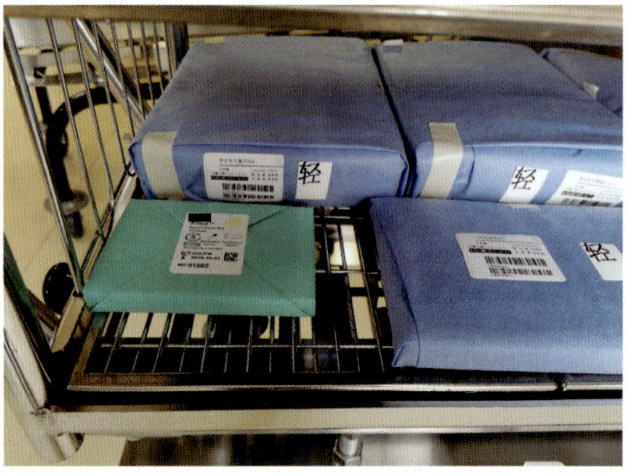

图 10-16　大型灭菌器生物指示物放置位置为灭菌器排气口上方

（2）定期监测

1）大型灭菌器应至少每周进行一次生物监测，宜在监测日的第一批次进行。

2）使用中的小型灭菌器应至少每月进行一次生物监测。

3）灭菌器新安装、移位、大修后的监测：大型压力蒸汽灭菌器在物理监测、化学监测通过后，生物监测应空载连续监测 3 次，合格后灭菌器方可使用。对于小型压力蒸汽灭菌器，生物监测应满载连续监测 3 次，合格后灭菌器方可使用。

2．监测结果判定　生物监测结果判定应符合《医院消毒供应中心　第 3 部分：清洗消毒及灭菌效果监测标准》（WS 310.3—2016）的要求，即阳性对照组培养阳性（生物培养阅读器显示为 +），实验组培养阴性（生物培养阅读器显示为 –），判定为灭菌合格。阳性对照组培养阳性（生物培养阅读器显示为 +），实验组培养阳性（生物培养阅读器显示为 +），则判定为灭菌不合格。若生物监测不合格，应进一步鉴定实验组阳性的生物指示物是否为指示菌或被污染所致。

生物监测不合格时，应尽快召回上次生物监测合格以来所有尚未使用的灭菌物品，重新处理。应分析原因，改进后，生物监测连续 3 次合格后灭菌器方可使用。

第二节　过氧化氢低温等离子体灭菌监测

一、监测材料

1．化学指示物　包括低温等离子体专用指示卡、指示胶带。

2．生物指示物　使用嗜热脂肪杆菌芽孢进行生物监测。

二、监测方法

1．物理监测　每批次灭菌连续监测并记录每个灭菌周期的临界参数如舱内压、温度、等离子体电源输出功率和灭菌时间等灭菌参数。灭菌参数应符合灭菌器的使用说明或指导手册。

2．化学监测　每个灭菌包外应使用包外化学指示物，作为灭菌过程的标志；每包内最难灭菌的位置应放置包内化学指示物，通过观察颜色变化，判定是否达到灭菌要求。

3．生物监测　每天使用时应至少进行一次灭菌循环的生物监测。

三、监测结果判定

生物监测结果判定应符合《医院消毒供应中心　第3部分：清洗消毒及灭菌效果监测标准》（WS 310.3—2016）的要求，即阳性对照组培养阳性（生物培养阅读器显示为+），实验组培养阴性（生物培养阅读器显示为-），判定为灭菌合格。阳性对照组培养阳性(生物培养阅读器显示为+)，实验组培养阳性(生物培养阅读器显示为+)，则判定为灭菌不合格。若生物监测不合格，应进一步鉴定实验组阳性的生物指示物是否为指示菌或被污染所致。

第十一章 储存与发放

第一节 储存

储存是为了确保无菌物品在使用前保持无菌状态。目前普遍认为无菌物品的有效期不仅与时间相关，更与包装材料的质量、储存环境条件、无菌包拿取次数、搬动或运输过程中可能发生的微生物污染事件相关，因此无菌物品应储存在符合条件的无菌物品存放区，拿取过程要正确。

一、基本要求

1．无菌物品/清洁物品的存放环境符合《医院卫生消毒标准》(GB 15982—2012）的要求，即平均空气菌落总数≤ 4.0 CFU/皿（5 min)，物体表面平均菌落数≤ 10 CFU/cm^2。环境温度＜ 24℃、湿度＜ 70%（图 11-1，图 11-2)，清洁、干燥，光线充足，平均照度为 300 lx。

环境湿度过低会导致塑封袋变脆，影响密封；湿度过高会导致封包胶带和标签失去黏性，密封变松；另外，湿度过高，空气中的水分过多会在包装材料上凝结，携带细菌或微生物渗入包装材料，破坏其无菌性。

2．物品应放在固定的位置上，设置标识并合理摆放。避免受压、堆放造成的器械损坏。

3．无菌物品和清洁物品应分区域或分开放置，并有明显标识，避免混淆（图 11-3)。

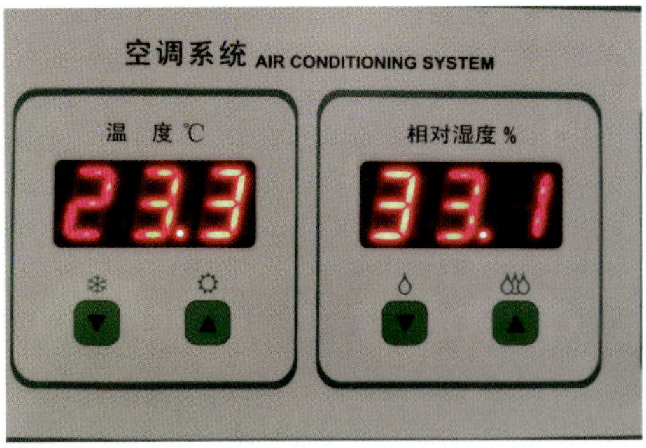

图 11-1　控制系统显示的存放环境条件

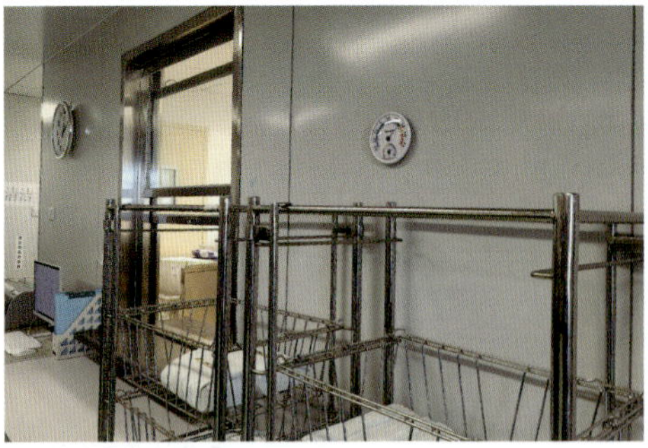

图 11-2　温湿度计显示的存放环境条件

图 11-3　清洁物品与无菌物品分开放置

二、无菌物品的储存

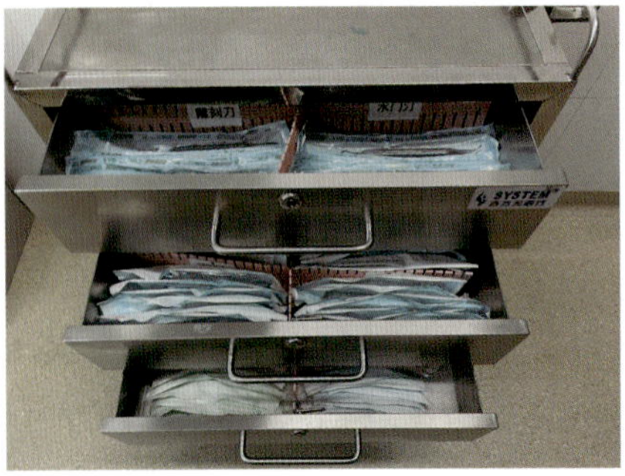

图 11-4　无菌物品存放车

无菌包使用前应保持其无菌性，避免发生湿包、包装裂开、掉落等污染事件。若发生上述事件，该无菌包视为污染，需重新处理灭菌。储存前应检查、核对失效期、包装完整性及干燥情况。应配备物品存放柜 / 架，无条件可设置存放车，并应每周对存放架 / 柜 / 车进行清洁消毒（图 11-4）。

物品存放架或柜应距地面高度≥ 20 cm，距离墙≥ 5 cm，距天花板≥ 50 cm。以便于空气流通和环境清洁，防止操作时污染无菌包。

（一）有包装无菌物品储存

1．灭菌后物品应分类、分架存放在无菌物品存放区。不宜存放在水槽、水管、空调排水管附近或其下。

若没有独立的无菌物品存放区，可以存放在治疗室专门的抽屉或器械柜内，但应尽可能地远离患者及污染区，并保持包装材料的完整性。避免器械散落在抽屉或器械柜内，因为易受到灰尘、气溶胶的污染，且易被工作人员的手污染。

2．较重的无菌包宜放置在存放架或柜的中间层，以便于拿取发放。

3．灭菌包存放时应合理码放，不应挤压、堆放。若灭菌包被过度挤压，可能导致灭菌包封口或密封接缝破裂。此外，灭菌包被过度挤压后，包内相对负压的条件可能会将污染空气吸入，影响灭菌包的无菌性。

4．无菌物品存放区环境条件符合要求时，使用普通棉布包装的无菌物品有效期宜为 14 天；未达到环境标准时，使用普通棉布材料包装的无菌物品有效期不应超过 7 天。各种包装材料的有效期见表 11-1。

表 11-1 各种包装材料的有效期

包装材料	普通棉布		一次性纸袋	一次性皱纹纸	医用无纺布	一次性纸塑袋	硬质容器
	环境达标	环境未达标					
有效期（天）	14	7	30	180	180	180	180

（二）无包装无菌物品存放

经快速灭菌程序、无包装裸露灭菌的器械不应储存。快速灭菌程序无干燥步骤，灭菌循环结束时，舱内有冷凝水，灭菌物品会被打湿（图 11-5）。湿的器

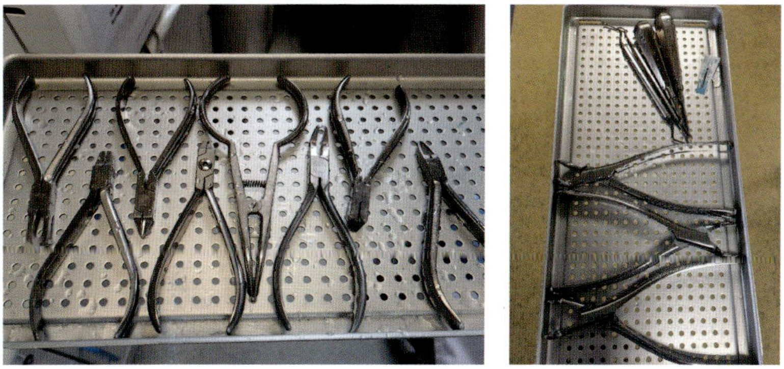

图 11-5 快速程序灭菌后的无包装器械（可见潮湿，有水）

械可从灭菌器内取出后立即使用。一旦灭菌器舱门打开，灭菌物品因接触空气中的细菌等微生物而被污染，因此裸露灭菌的器械最好立即使用，存放时间最长不超过 4 h。

不建议将裸露灭菌后的器械置于灭菌舱内过夜，因为冷凝水可致细菌污染，另外，将器械遗留在灭菌舱内，不容易分辨器械是否已灭菌，特别是当有几名人员同时在此区域内工作时。若因疏忽致器械遗留在灭菌器内至第 2 天，使用前应检查打印记录以明确灭菌运行时间并查看过程指示物。若有任何疑义，器械使用前应再次灭菌。

三、清洁物品的储存

中度、低度危险性口腔器械消毒或灭菌后应置于清洁、干燥的容器内清洁保存，且与无菌物品分开存放，尽早使用（图 11-6）。

a．持片夹　　b．橡胶调拌碗　　c．拉钩

图 11-6　低度、中度危险性物品的保存

第二节　发放

器械物品在消毒灭菌后，按照临床需求清单将存储的物品发放至科室使用。发放时确保物品合格，发放及时、准确，保障临床工作正常运行。

一、发放原则

发放无菌及清洁物品时，应遵循先进先出（first in first out，FIFO）原则，即存储时间最久的物品最先发放。因为物品存放的时间越久，暴露在环境和物理破坏因素中的时间就越长，越有可能受到污染。

二、物品发放

1．按照发放清单准备科室所需物品。

2．从存放架或存放柜取下无菌包时，应用一只手从下面将其托起，另一只手放置无菌包下面的中间部分，然后才能将无菌包从存放架上托起或取出（图11-7）。无菌包不能紧贴器械架拖动或推拉，以避免表面摩擦或磨损，导致包装材料破裂，破坏其无菌屏障性。

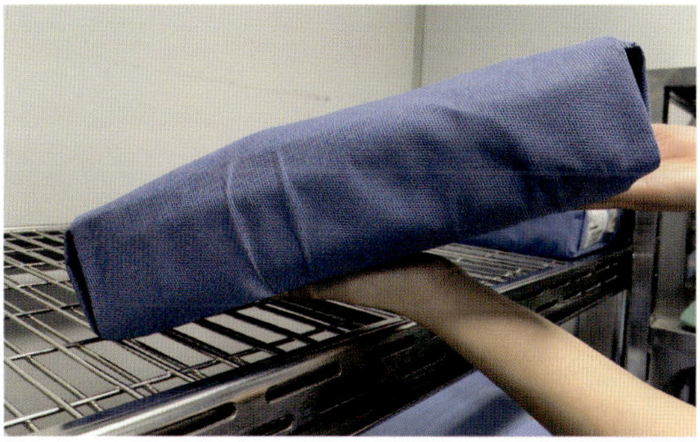

图 11-7　从存放架上取下无菌包

3．发放前应确认物品的有效性和包装完好性（包装未受到物理损坏的状态）。若包装破损、潮湿、有灰尘等应视为污染包，不能发放，需重新处理。

4．将发放物品妥善放入运送车 / 盒内，避免倾倒或损坏。运送工具应有门或盖，保障物品在密闭的环境中运输。

5．使用追溯系统或手工记录物品发放的日期、名称、数量、使用科室（诊室）、灭菌日期等。

6．运送至科室后，与相关人员进行交接。

三、注意事项

1．发放前应洗手或快速手消毒。

2．减少对待发放物品不必要的触碰次数。

3．发放后未使用的无菌物品不应放回无菌物品存放区储存。

4．运送工具每次使用后，应清洁、消毒，干燥备用。

第十二章 牙科手机的处理流程

牙科手机是口腔医疗机构最具特色的、重要的医疗器械。牙科手机内部的组成结构复杂，精密程度高。在处理过程中，回收、清洗至灭菌环节都有其特殊性。

第一节 预处理及回收

一、预处理

治疗结束后，牙科手机先在椅旁进行管路冲洗和表面擦拭。

（一）管路冲洗

牙科手机使用后在带车针情况下使用牙科综合治疗台水、气系统冲洗牙科手机内部水路、气路 30 s，以排出回吸到管路中的冷却水和唾液等（图 12-1）。

图 12-1 冲洗牙科手机内部水路、气路

（二）表面擦拭

卸下牙科手机，取下车针，用湿纱布或湿巾擦拭，去除表面污染物（图 12-2）。避免使用含氯、丙酮及漂白剂的物品擦拭牙科手机外表面。

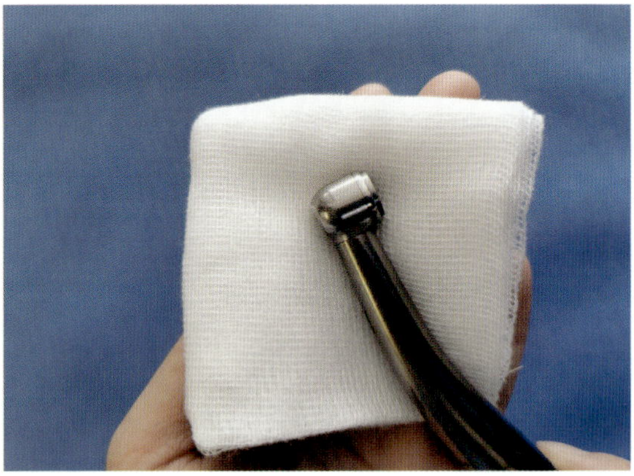

图 12-2　湿纱布擦拭，去除表面污物

二、回收

牙科手机回收过程中应采取保护措施。轻拿轻放，使用能保护牙科手机避免发生碰撞的回收工具或容器，避免回收过程中发生磕碰、损伤。回收时与其他器械分开放置（图 12-3，图 12-4）。

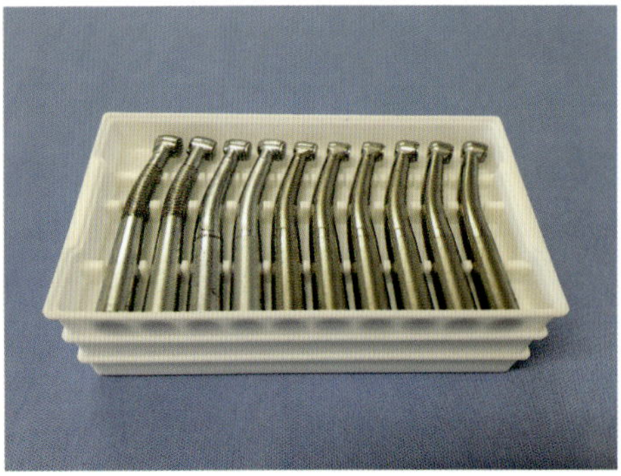

图 12-3　牙科手机回收托盘

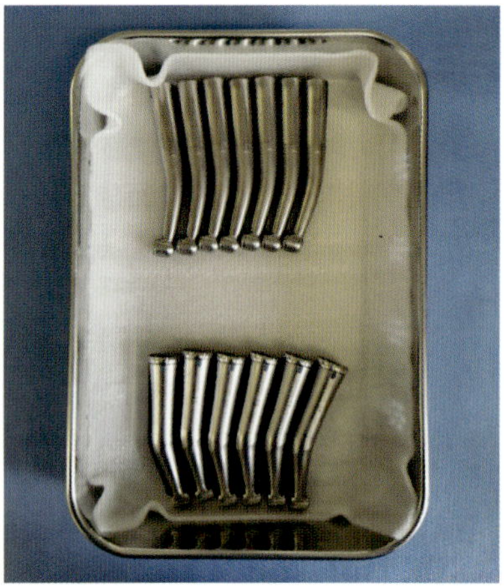

图 12-4　用带缓冲材料的器械盒回收牙科手机

第二节　清洗、消毒和干燥

牙科手机是口腔治疗中必不可少的器械，具有管路狭窄、内腔结构复杂等特点，给清洗工作带来很大挑战。遵照说明书的指导，牙科手机可采用手工清洗，也可进行机械清洗。

一、清洗

（一）手工清洗

1．清洗步骤

（1）清洗外表面：带光纤牙科手机可用气枪吹净光纤表面的颗粒和灰尘（图 12-5），擦净光纤表面污渍；带螺纹的牙科手机表面可用软毛刷在流动水下清洗（图 12-6）。

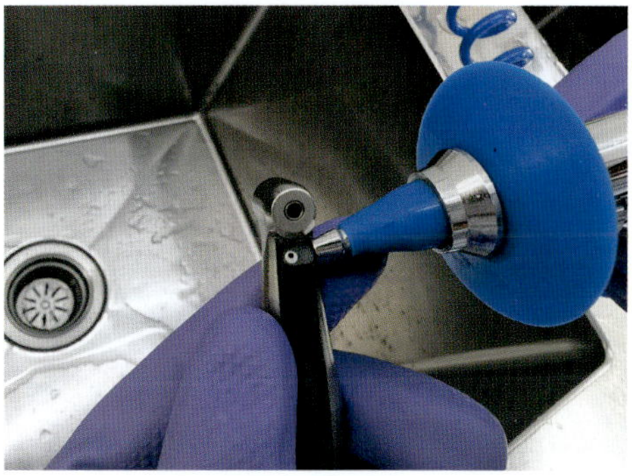

图 12-5　用气枪吹净光纤表面

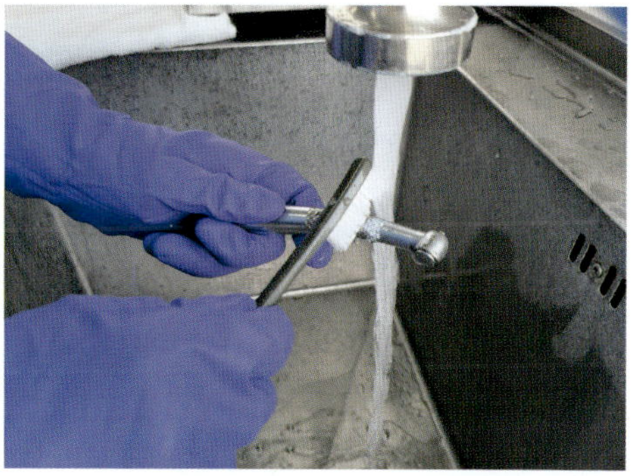

图 12-6　在流动水下刷洗表面污渍

（2）清洗内部管路：使用压力水枪冲洗进气孔内部管路，进行手工（水）清洗（图 12-7），清洗后使用压力气枪进行内部干燥；也可参考牙科手机说明书，使用压力罐装专用清洁剂连接正确的适配器，清洁手机内部管路及轴芯，进行手工（油）清洗（图 12-8）。

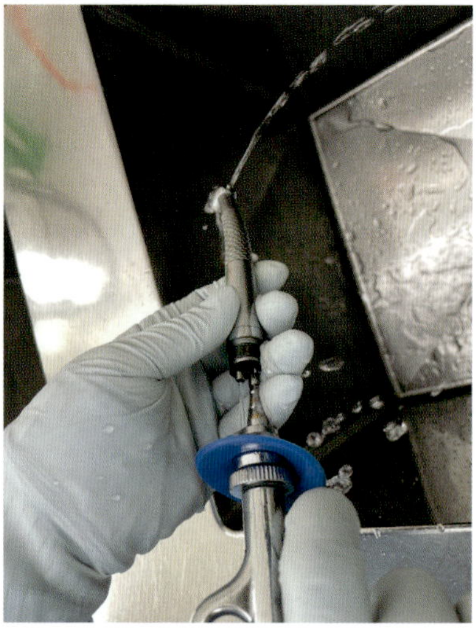

图 12-7　使用压力水枪进行内部管路的手工（水）清洗

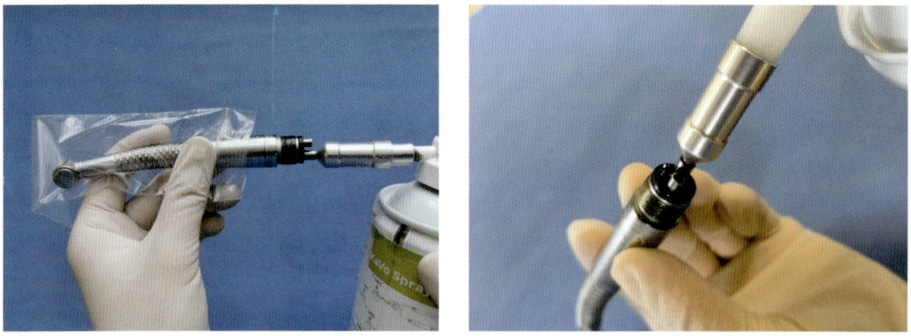

图 12-8　使用专用清洁剂进行内部管路的手工（油）清洗

（3）能拆卸的牙科手机，拆卸后进行手工清洗（图 12-9 ～图 12-11）。

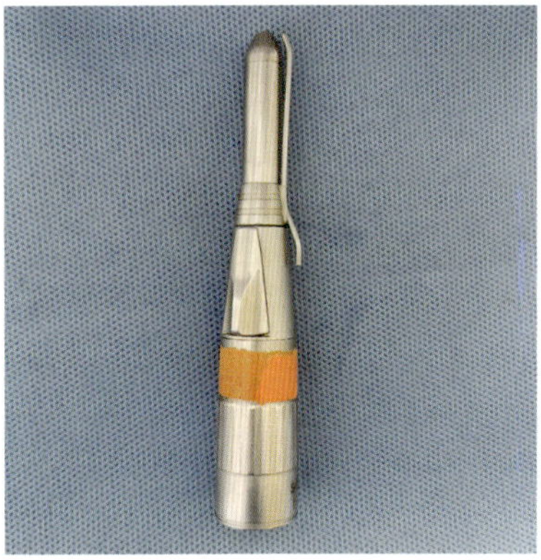

图 12-9　种植手机

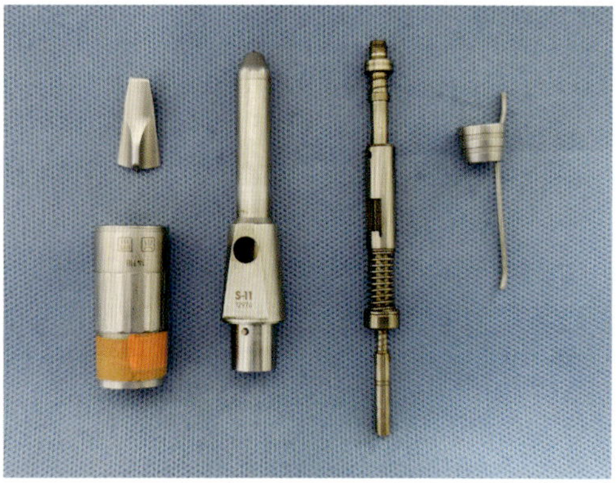

图 12-10　种植手机拆卸成 5 件

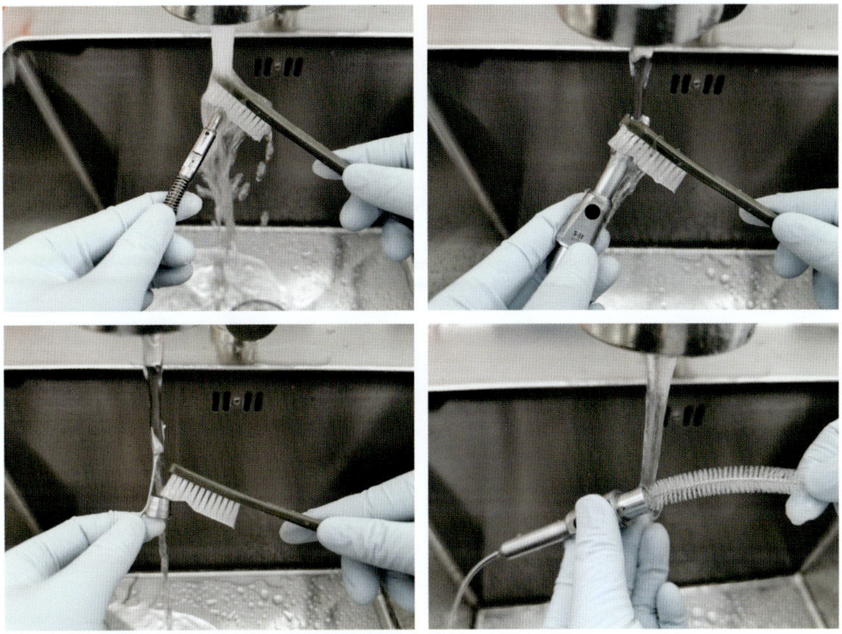

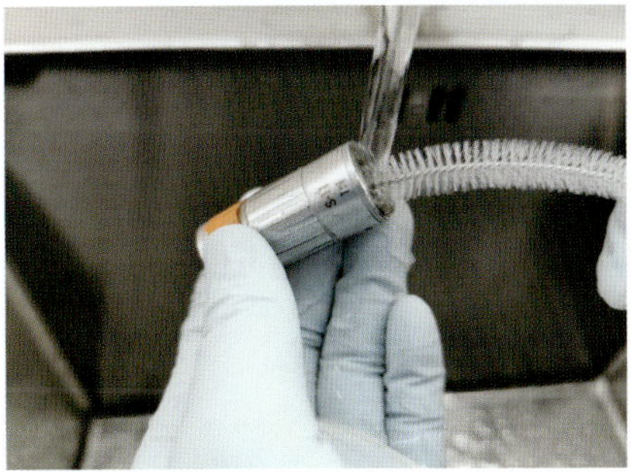

图 12-11　逐个手工清洗拆卸后的种植手机各部件

2．注意事项

（1）带光纤牙科手机处理过程中避免光纤表面划痕。

（2）牙科手机不能浸泡在消毒溶液中，避免在灭菌过程中残留液体中的化学成分形成结晶磨损手机内部部件。

（3）使用压力罐装清洁剂时用透明塑料袋或纸巾包住手机头部，避免油雾播散。

（4）使用压力罐装清洁剂清洁内部的过程中，如有污物从机头部位流出，应重复操作直至无污油流出为止。

（二）机械清洗

牙科手机的机械清洗分为用水作为介质的采用全自动清洗消毒器进行的机械（水）清洗，以及以专用清洗剂为介质的采用牙科手机自动注油养护机进行的机械（油）清洗。机械（水）清洗能同时做到清洗牙科手机外表面和内部管腔；机械（油）清洗时，只能清洗牙科手机内部管腔，外表面需手工处理。

1．机械（水）清洗

（1）清洗步骤

1）遵循产品说明书的指导（图 12-12），将能适用于机械（水）清洗的牙科手机放入清洗消毒器内的专用接口上，固定牙科手机（图 12-13）。

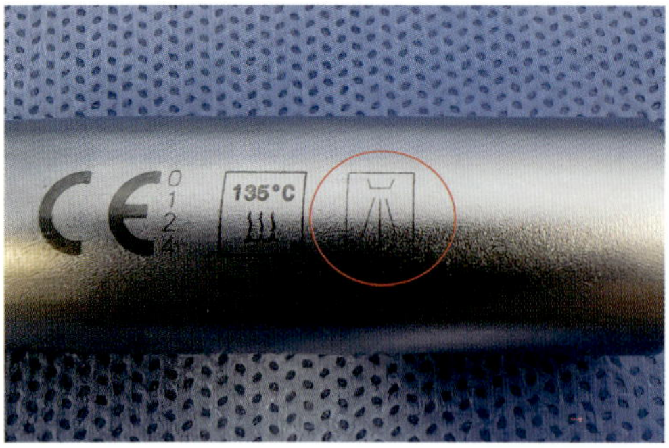

图 12-12　牙科手机上适用于机械（水）清洗的标志

图 12-13　使用牙科手机专用清洗架装载

2）选择正确的清洗程序，使水流从手机尾端流向机头部位，整个管腔得到充分清洗。

3）清洗结束后，确认清洗参数合格后，取下牙科手机。

（2）注意事项

1）能拆卸的种植手机应拆开后清洗。

2）牙科手机马达不应使用机械清洗机清洗。

3）不建议与其他口腔器械同时清洗，避免其他器械上的碎屑随水流进入牙科手机管腔内而无法排出，在灭菌过程中形成结晶磨损手机内部部件，缩短牙科手机使用寿命。

4）牙科手机清洗后，内部管路应进行充分干燥，否则会影响润滑油对手机轴承的润滑作用。

5）遵循产品说明书的要求，牙科手机不应使用超声清洗机清洗。

2．机械（油）清洗

（1）清洗步骤

1）清洗外表面：同手工清洗步骤。

2）清洗手机内部管路：①打开压缩空气及电源开关；②选择与牙科手机品牌型号相匹配的自动养护机和连接头；③打开自动养护机前盖，将牙科手机与连接口正确安装（图 12-14）；④关闭机器盖门，参考自动养护机的使用说明，选择相应程序进行牙科手机内部清洗；⑤清洗程序完成后打开机器前盖，卸下手机（图 12-15）。部分牙科手机遵循产品说明书指导在机械（油）清洗前安装标准棒。

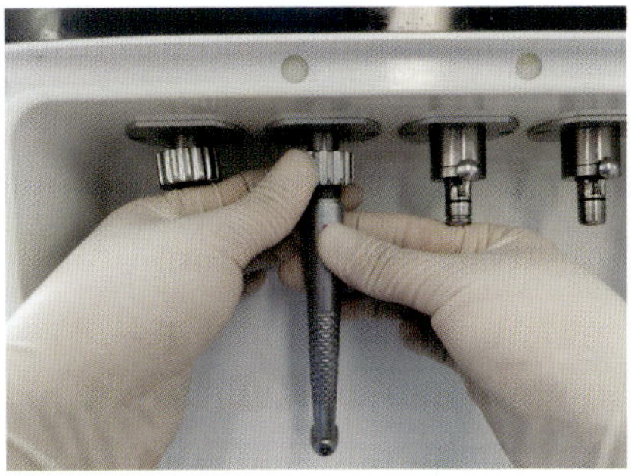

a．高速涡轮手机对准连接块插入，拧紧固定螺母

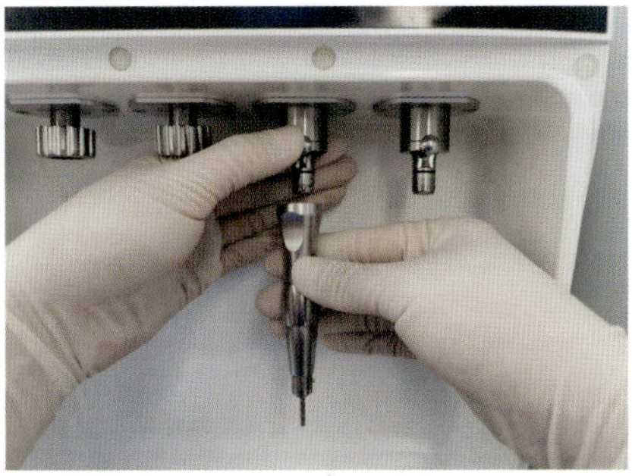

b．低速手机（带标准棒）安装时一手按下固定销，另一手向上插入

图 12-14　牙科手机与连接口的安装

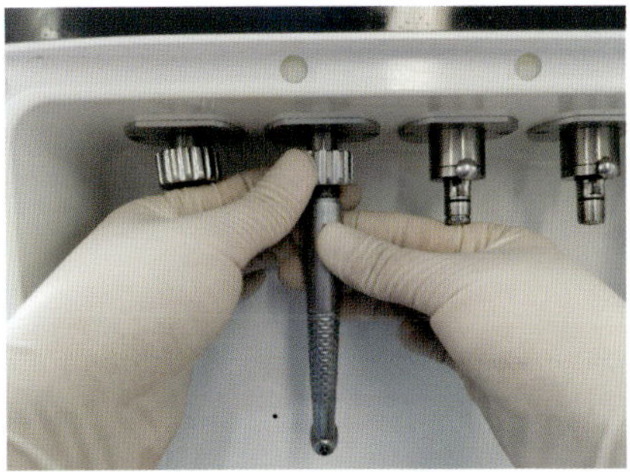

a．高速涡轮手机卸除时先旋松固定螺母，然后直接取下

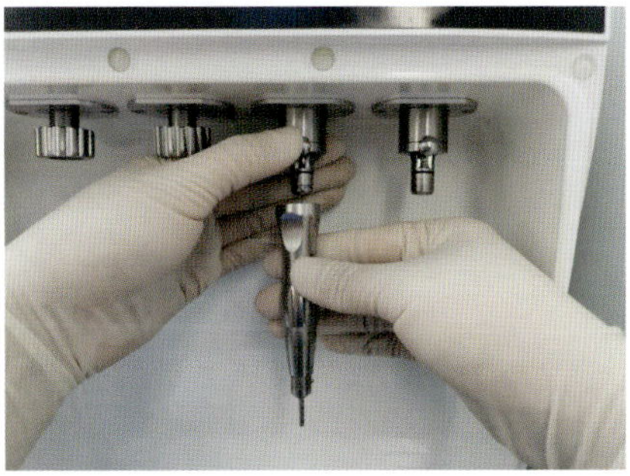

b．低速手机（带标准棒）卸除时一手按下固定销，另一手直接取下

图 12-15　牙科手机从注油机连接口卸除

（2）注意事项

1）清洗前检查牙科手机与连接口的连接有无松动，螺丝是否磨损、卡顿、附着异物等。

2）设备运行前确认盖门关闭严密，避免油雾播散。

3）每次使用结束后清理自动养护机内部污渍。定期清理空气过滤器，避免堵塞。

二、消毒

1．湿热消毒　使用清洗消毒器进行机械清洗时，设定温度、时间，确保 *A0* 值达到设定要求，对牙科手机的管路内部及外表面进行消毒。

2．化学消毒　使用 75% 乙醇纱布或含醇湿巾擦拭牙科手机外表面进行表面消毒。

三、干燥

机械水洗后，应确保管路内部干燥，以免阻碍润滑剂的浸润，可选择压力气枪干燥（图 12-16）。使用压力气枪时，气源压力应为 200 ~ 250 Pa。不宜给予超过牙科手机使用说明书标注的压力。

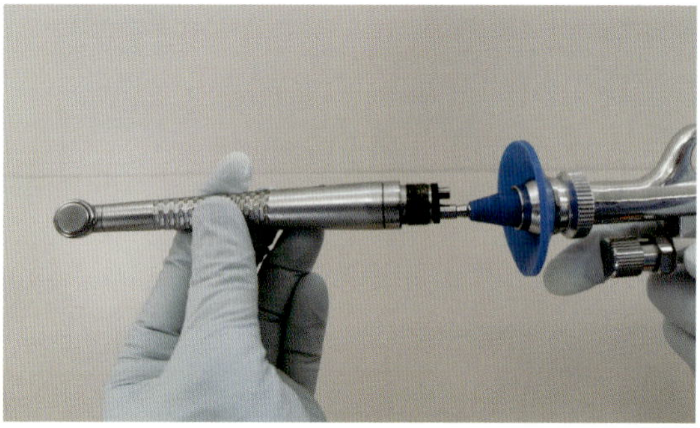

图 12-16　使用压力气枪干燥内部管路

第三节　检查与保养

牙科手机应根据内部结构或功能选择适宜的保养方法。特殊用途牙科手机，应遵循生产厂家或供应商提供的使用说明进行检查与保养。

一、检查

（一）清洗效果检查

采用目测法检查手机表面、螺纹处是否洁净，有无残留血渍、污渍、水垢、锈斑等（图 12-17）。

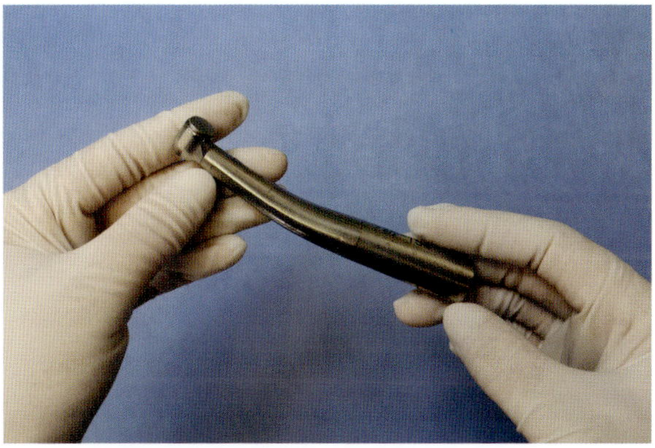

图 12-17　目测检查牙科手机清洗效果

（二）功能检查

采用目测法检查涡轮手机的后盖、接缝螺丝等有无松动（图 12-18）。

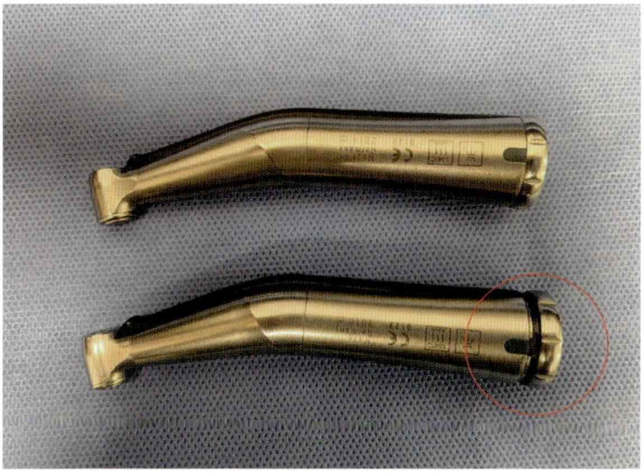

图 12-18　目检检查牙科手机接缝螺丝有无松动

二、保养

（一）机械保养

1．选择与手机品牌型号相匹配的注油机、连接头及注油方式进行自动注油。

2．机械注油前检查牙科手机接口有无松动，螺丝是否磨损、卡顿、附着异物等。

3．打开注油机前盖，将牙科手机与注油机连接口正确安装（图 12-19）。高速涡轮手机后部对准连接口插入，拧紧螺母；部分低速手机参考产品说明书，安装、固定标准棒后，一手按下固定销，另一手将牙科手机插入连接口，确认安装牢固。选择相应程序进行注油。

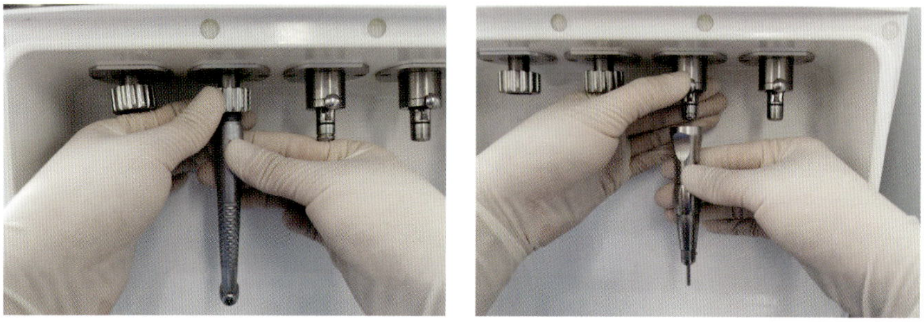

a．高速涡轮手机的正确安装　　b．低速牙科手机（直手机）正确安装

图 12-19　牙科手机与注油机连接口的正确安装

4．卸下牙科手机时先确认注油程序完成。打开机器前盖，松开螺母，高速涡轮手机笔直拔下；低速牙科手机解除固定销，笔直拔下（图 12-20）。

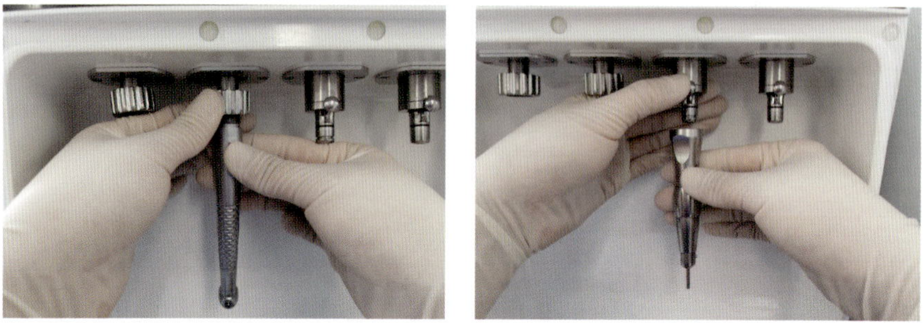

a．高速涡轮手机的正确卸除　　b．低速牙科手机的正确卸除

图 12-20　牙科手机从注油机连接口正确卸除

如手机前端渗出的保养油含有污垢，需再次进行注油程序，直至保养油澄清。

（二）手工保养

1．选择与手机品牌型号相匹配的连接头，使用压力罐装润滑油从牙科手机后部进行注油（图 12-21，图 12-22）。

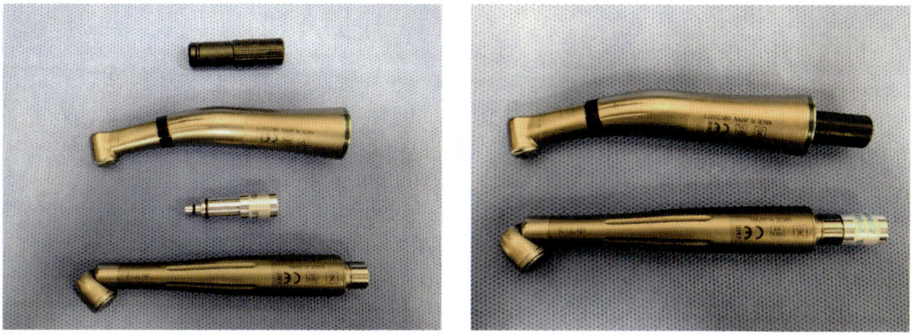

图 12-21　匹配的连接头

2．夹持器（卡盘或三瓣簧）需选择相应连接头，使用压力罐装润滑油从牙科手机前部进行注油。

3．内油路式手机可使用油脂笔对卡盘或三瓣簧及手机轴承进行注油（图 12-23）。

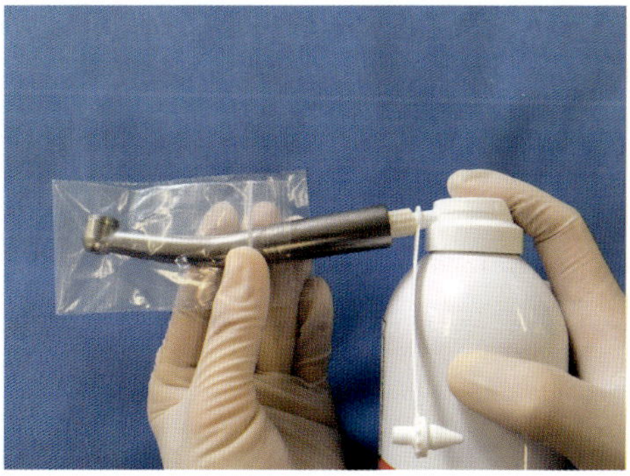

图 12-22　使用压力罐装润滑油进行牙科手机后注油

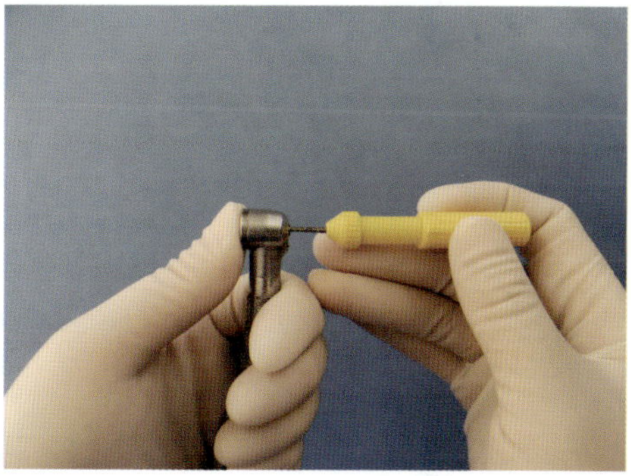

图 12-23　使用油脂笔进行牙科手机三瓣簧轴承注油

4．应将连接头与手机紧密固定，以保证注油效果。

5．手工注油时应注意保护，避免油雾播散。

特殊用途牙科手机应遵照厂商说明书进行清洗与保养流程。

第四节 包装与灭菌

一、包装

牙科手机根据使用情况分属于高度危险性器械（拔牙手机和种植手机）和中度危险性器械（用于牙齿研磨或修复体研磨的牙科手机等）。根据分类处理原则，拔牙手机和种植手机应无菌保存，因此需要能形成无菌屏障系统的包装（图12-24）。其他用于牙齿研磨或修复体研磨的牙科手机属于中度危险性器械，可灭菌后清洁保存（图12-25）。

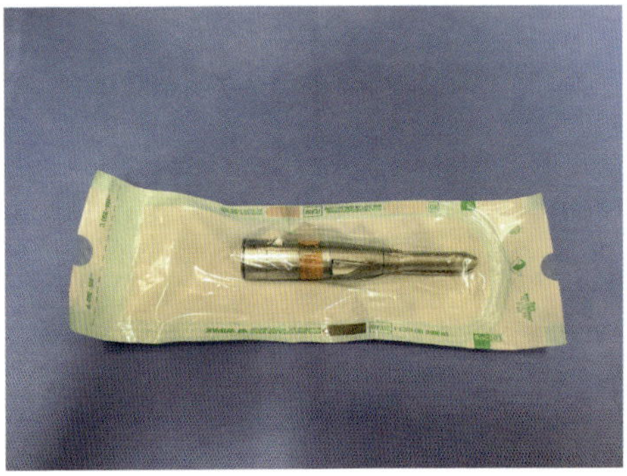

图 12-24 种植手机使用纸塑包装袋进行密封式包装

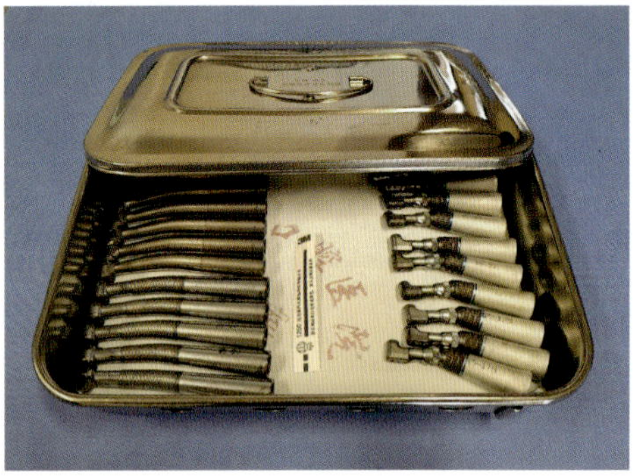

图 12-25 中度危险水平的牙科手机使用器械盒灭菌后清洁保存

二、灭菌

牙科手机应根据产品说明书的要求，使用预真空压力蒸汽灭菌器灭菌。灭菌温度不超过135℃，最短灭菌时间3 min（图12-26）。

图 12-26　牙科手机上的可压力蒸汽灭菌的标识

灭菌后无菌保存的牙科手机，储存与发放同其他口腔器械一致，遵循先进先出的原则。

附录一

清洗方法的应用

一、平面类物品的清洗

适用于治疗碗、弯盘、器皿类物品的清洗，可采用手工清洗和机械清洗。

（一）平面类物品的手工清洗

操作步骤	操作要求和质量标准
用物准备 1. 清洗剂 2. 清洗工具 3. 个人防护用具	1. 按照产品说明书配制合适浓度的清洗剂 2. 备齐毛刷、抛光剂等辅助工具 3. 工作人员按照标准预防措施做好个人防护，穿戴圆帽、口罩、护目镜/面屏、防水服、双层手套、防护鞋 4. 根据污染物种类选择合适的清洗剂
冲洗、洗涤	1. 使用流动水冲洗后应无明显污渍、血渍 2. 在清洗剂中浸泡3 ~ 5 min后用毛刷刷洗器械表面。在液面下进行，避免产生气溶胶 3. 质量评价：器皿表面及卷边处应无血渍、污渍、锈渍
漂洗	1. 使用流动水彻底冲洗器皿表面的污渍和清洗剂 2. 质量评价：表面无污渍和清洗剂残留
终末漂洗	1. 使用经纯化的水彻底冲洗，以去除器皿表面可能存在的污渍和残留清洗剂 2. 质量评价：表面无污渍和清洗剂残留
消毒	1. 使用75%乙醇浸泡3 min；有条件的使用煮沸消毒机进行消毒 2. 质量评价：化学消毒的浓度及作用时间应有效控制，煮沸消毒的时间及温度应符合预设值
干燥	1. 使用干燥柜，温度设定为70 ~ 90℃；也可使用低纤维絮擦布进行擦拭干燥 2. 质量评价：干燥后的器皿及卷边处无水渍

（二）平面类物品的机械清洗

操作步骤	操作要求和质量标准
用物准备 1. 清洗消毒器、清洗剂、装载架 2. 个人防护用具	1. 清洗消毒器准备就绪，清洗剂储量充足，在有效期内使用 2. 清洗消毒器内无杂物，喷淋臂转动灵活 3. 工作人员按照标准预防措施做好个人防护，穿戴圆帽、口罩、护目镜/面屏、防水服、双层手套、防护鞋
分类	1. 评估物品污染程度，如器皿上有明显污渍、血渍，不宜直接进行机械清洗的应先进行预处理 2. 符合机械清洗条件的可直接摆放到器皿专用清洗架上 3. 质量评价：物品上不可有大块污渍或血渍
装载	1. 每清洗批次放置同类物品，治疗碗、弯盘等器皿不宜与器械一同清洗 2. 使用专用装载架合理码放器皿，确保喷淋臂旋转正常 3. 装载数量：按照清洗架装载量标准放置，避免过量装载 4. 质量评价：器皿类不可重叠放置，保证清洗水流充分接触所有器皿的表面
程序选择	选择器皿类清洗程序进行清洗和消毒
卸载	1. 程序结束后，在检查包装区进行清洗质量检查和卸载，卸载前应洗手或快速手消，还应防止烫伤 2. 取出清洗架，检查机舱内有无遗留物或杂物，并清理。器械卸载后将空的清洗架推入机舱内关闭舱门 3. 质量评价：目测器皿应无污渍、血渍、锈渍等，确认湿热消毒效果（A_0值）。清洗质量不合格时，应返回去污区处理

二、常规器械清洗

常规器械清洗指常见的口腔器械如拔牙钳、止血钳、牙龈分离器、刮治器、镊子等器械的清洗。可使用手工清洗和机械清洗。

（一）常规器械的手工清洗

操作步骤	操作要求和质量标准
用物准备 1. 清洗剂、润滑剂 2. 清洗工具 3. 个人防护用具	1. 按照产品说明书配制合适浓度的清洗剂 2. 备齐毛刷、抛光剂等辅助工具 3. 工作人员按照标准预防措施做好个人防护：穿戴圆帽、口罩、护目镜/面屏、防水服、双层手套、防护鞋 4. 根据污染物种类选择合适的清洗剂
冲洗、洗涤	1. 使用流动水冲洗器械表面明显的污渍、血渍 2. 在清洗剂中浸泡3 ~ 5 min后在液面下用清洗刷刷洗，避免产生气溶胶 3. 质量评价：器械表面及其关节、齿牙处应无血渍、污渍、锈渍
漂洗	1. 使用流动水彻底冲洗器械表面、关节、齿牙处的污渍和清洗剂 2. 质量评价：表面及其关节、齿牙处无污渍
终末漂洗	1. 使用经纯化的水彻底冲洗器械表面、关节、齿牙处残留的污渍、清洗剂 2. 质量评价：器械应无污渍和清洗剂残留
消毒	1. 使用75%乙醇浸泡或使用煮沸消毒机进行消毒 2. 质量评价：化学消毒的浓度及作用时间应有效控制；煮沸消毒的时间及温度应符合预设值
润滑	1. 可选用浸泡、喷洒、擦拭等方法润滑器械轴节、旋钮等部位 2. 使用浸泡法润滑时，按产品要求配制合适的浓度，避免二次污染 3.质量评价：润滑后器械轴节、旋钮的转动灵活
干燥	1. 可使用干燥柜，温度设定为70 ~ 90℃，干燥20 min，也可使用低纤维絮擦布进行擦拭干燥 2. 质量评价：在检查包装区进行，干燥后的器械表面及其关节齿牙处应光洁，无水渍、污渍、锈斑

（二）常规器械的机械清洗

操作步骤	操作要求和质量标准
用物准备 1. 清洗消毒器、清洗剂、装载架 2. 个人防护用具	1. 清洗消毒器准备就绪，清洗剂等储量充足，在有效期内 2. 清洗消毒器内无杂物，喷淋臂转动灵活 3. 工作人员按照标准预防措施做好个人防护，穿戴圆帽、口罩、护目镜/面屏、防水服、双层手套、防护鞋
↓ 分类	1. 评估污染物程度：器械上有明显污渍、血渍可先使用流动水冲洗后用含酶清洗剂进行液面下手工预处理，或使用超声清洗机预处理 2. 将器械合理摆放至清洗篮筐中 3. 质量评价：不适用机械清洗的器械应手工清洗
↓ 装载	1. 按照器械种类或科室码放至清洗篮筐内，①轴节类器械应全部打开或使用专用器械撑开架；②扁平、单体器械（如拉钩、剥离子、脑压板等）排列放置一层；③镊子排列人字形或纵队排列一层，水流充分接触每一层面 2. 将器械篮筐合理码放至清洗架，避免清洗架的空间利用不足 3. 质量评价：喷淋臂旋转正常，保证清洗
↓ 程序选择	根据清洗物品种类选择器械清洗程序进行清洗、润滑和消毒
↓ 卸载	1. 程序结束后，在检查包装区进行清洗质量检查和卸载，卸载前应洗手或快速手消，并防止烫伤 2. 卸载完成后检查机舱内有无遗留物或杂物，并清理，将清洗架推入机舱内关闭舱门 3. 质量评价：清洗后的器械及其关节、齿牙处光洁，无污渍、血渍、锈渍等，湿热消毒效果（A_0值）符合预设值。清洗质量不合格时，应返回去污区重新处理

三、精密器械的清洗

精密器械的清洗是指显微剪刀、显微止血钳、显微镊、吻合器、血管夹等器械的清洗，分为手工与机械（超声清洗机）结合的清洗和单独机械清洗。

（一）精密器械的手工清洗

操作步骤	操作要求和质量标准
用物准备 1. 清洗剂 2. 清洗工具 3. 个人防护用具	1. 按照产品说明书配制合适浓度的清洗剂 2. 备齐毛刷、抛光剂等辅助工具 3. 工作人员按照标准预防措施做好个人防护：穿戴圆帽、口罩、护目镜/面屏、防水服、双层手套、防护鞋 4. 根据污染物种类选择合适的清洗剂
冲洗、洗涤	1. 使用流动水冲洗器械表面明显的污渍、血渍 2. 使用含酶清洗剂浸泡3~5 min后在液面下刷洗，结构复杂的器械使用超声清洗机清洗 3. 质量评价：器械表面及其关节、齿牙处应无血渍、污渍、锈渍
漂洗	1. 使用流动水彻底冲洗器械表面、关节、齿牙处的污渍和清洗剂 2. 质量评价：表面及其关节、齿牙处无污渍和清洗剂残留
终末漂洗	1. 使用经纯化的水彻底冲洗器械表面、关节、齿牙处残留的污渍、清洗剂 2. 质量评价：器械应无污渍和清洗剂残留
消毒	1. 使用75%乙醇浸泡3 min或使用煮沸消毒机进行消毒 2. 质量评价：煮沸消毒的时间及温度应符合预设值，化学消毒的浓度和作用时间要有效控制
润滑	1. 可选用浸泡、喷洒、擦拭等方法润滑器械轴节、旋钮等部位 2. 使用浸泡法润滑时，按产品要求配制合适的浓度，避免二次污染 3.质量评价：润滑后器械轴节、旋钮的转动灵活
干燥	1. 使用干燥柜，温度设定为70~90℃；用低纤维絮擦布进行擦拭干燥 2. 质量评价：检查包装区进行干燥后的器械表面及其关节齿牙处应光洁，无水渍、污渍

（二）精密器械的机械清洗

操作步骤	操作要求和质量标准
用物准备 1. 清洗消毒器、清洗剂、装载架 2. 个人防护用具	1. 清洗消毒器准备就绪，清洗剂等储量充足，在有效期内 2. 清洗消毒器内无杂物，喷淋臂转动灵活 3. 工作人员按照标准预防措施做好个人防护，穿戴圆帽、口罩、护目镜/面屏、防水服、双层手套、防护鞋
分类	1. 评估器械的污染程度，根据需要进行预处理 2. 将器械合理摆放至带有固定硅胶装置的清洗篮筐中或放入精密清洗筐内 3. 质量评价：不适用于机械清洗的器械应进行手工清洗
装载	1. 将器械篮筐合理码放至清洗架，器械之间不能码放过于紧密，器械不得超过喷淋臂高度，精密器械应固定在硅胶装置中，避免掉落造成损伤 2. 质量评价：喷淋臂旋转正常，保证清洗水流充分接触每一层面
程序选择	根据清洗物品种类选择器械清洗程序进行清洗、润滑和消毒
卸载	1. 程序结束后，在检查包装区进行清洗质量检查和卸载，卸载前应洗手或快速手消，并防止烫伤 2. 卸载完成后检查机舱内有无遗留物或杂物，并清理，将清洗架推入机舱内关闭舱门 3. 质量评价：器械无撒落或遗失；清洗后的器械及其关节、齿牙处光洁，无污渍、血渍、锈渍等，湿热消毒效果（A_0值）符合预设值；清洗质量不合格时，应返回去污区重新处理

四、盐水罐、镊子罐的清洗

用于盐水罐、镊子罐等容器类的清洗，分为手工清洗和机械清洗。

（一）盐水罐、镊子罐等容器的手工清洗

操作步骤	操作要求和质量标准
用物准备 1. 清洗剂 2. 清洗工具 3. 个人防护用具	1. 按照产品说明书配制合适浓度的清洗剂 2. 准备除胶剂、毛刷等用物 3. 工作人员按照标准预防措施做好个人防护：穿戴圆帽、口罩、护目镜/面屏、防水服、双层手套、防护鞋 4. 根据污染物种类选择合适的清洗剂
↓ 整理、冲洗	1. 先使用除胶剂清除容器上残留的化学指示胶带 2. 用流动水冲洗容器上的污物 3. 质量评价：确保容器上残留的化学指示胶带清理彻底
↓ 刷洗	1. 将容器浸没于酶清洗剂中，使用长柄毛刷刷洗，避免飞溅 2. 质量评价：容器内外无污渍、锈渍和残胶痕迹
↓ 漂洗和终末漂洗	1. 分别使用流动水和经纯化的水彻底冲洗器械上可能残留的污渍、清洗剂 2. 质量评价：器械应无污渍和清洗剂残留
↓ 消毒	1. 使用75%乙醇浸泡或使用煮沸消毒机进行消毒 2. 质量评价：煮沸消毒的时间及温度应符合预设值，化学消毒的浓度及时间的有效控制
↓ 干燥	1. 使用干燥柜，温度设定为70~90℃，干燥20 min，或使用低纤维絮擦布进行擦拭干燥 2. 质量评价：干燥后的容器应无水渍、污渍

（二）盐水罐、镊子罐等容器的机械清洗

操作步骤	操作要求和质量标准
用物准备 1. 清洗消毒器、清洗剂、装载架 2. 个人防护用具	1. 清洗消毒器准备就绪，清洗剂等储量充足，在有效期内 2. 清洗消毒器内无杂物，喷淋臂转动灵活 3. 工作人员按照标准预防措施做好个人防护，穿戴圆帽、口罩、护目镜/面屏、防水服、双层手套、防护鞋
分类	1. 评估容器污染程度，有明显污渍、残胶痕迹的先进行预处理 2. 符合机械清洗条件的可直接摆放到清洗架 3. 质量评价：不适合机械清洗的器械应手工处理
装载	1. 同类物品同一批次清洗，容器类物品放置于专用清洗架上，开口方向朝下 2. 装载数量：按照清洗架装载量，标准放置，合理码放 3. 质量评价：容器使用专用清洗架，合理码放，不可重叠放置，确保喷淋臂旋转正常，保证清洗水流充分接触内外表面
程序选择	选择器皿类程序清洗和消毒
卸载	1. 机械清洗程序结束后，在检查包装区进行清洗质量检查和卸载，卸载前应洗手或快速手消，并防止烫伤 2. 卸载完成后检查机舱内有无遗留物或杂物，并清理，将清洗架推入机舱内关闭舱门 3. 质量评价：容器内外表面应无污渍、血渍、锈渍等；湿热消毒效果（A_0值）符合预设值；清洗质量不合格时，应返回去污区处理

五、管腔器械的清洗

各类管腔器械的清洗，如吸引器、种植水管，一般选择手工清洗，有条件的可使用清洗消毒器或负压清洗器，选择管腔器械程序进行机械清洗。

操作步骤	操作要求和质量标准
用物准备 1. 清洗剂 2. 清洗工具 3. 个人防护用具	1. 按照产品说明书配制合适浓度的清洗剂 2. 管腔器械刷（根据管腔尺寸选择合适规格的器械刷）等清洗工具 3. 工作人员按照标准预防措施做好个人防护：穿戴圆帽、口罩、护目镜/面屏、防水服、双层手套、防护鞋 4.根据污染物种类选择合适的清洗剂
↓ 冲洗、浸泡	1. 使用流动水冲洗管腔外表面及管腔内部的血渍、污渍 2. 将器械浸没于清洗剂中 3. 质量评价：冲净管腔外表面的污渍；将器械完全浸没清洗剂中，管腔内充满液体
↓ 刷洗及超声清洗	1. 使用管腔器械刷在液面下进行贯通式刷洗管腔内壁至少3次 2. 将管腔器械使用清洗篮筐盛装，放入超声清洗机内清洗3~5 min，盖好超声清洗机盖子，避免产生气溶胶 3. 质量评价：管腔外表面及内壁应无血渍、污渍或其他异物
↓ 漂洗	1. 从超声清洗机取出后，分别用流动水和压力水枪冲洗管腔外表面及管腔内部，去除可能残余污物或毛刷的碎屑、清洗剂 2. 质量评价：表面及其内壁无污渍和清洗剂残留
↓ 终末漂洗	1. 使用经纯化的水彻底冲洗管腔表面及内壁 2. 质量评价：管腔器械表面及内壁应无污渍和清洗剂残留
↓ 消毒	1. 使用75%乙醇浸泡或使用煮沸消毒机消毒 2. 质量评价：煮沸消毒的时间及温度应符合预设值，化学消毒的浓度及时间的有效控制
↓ 干燥	1. 使用干燥柜，温度设定为70~90℃；使用压力气枪吹干管腔外表面和内腔 2. 质量评价：干燥后的管腔表面及内壁无水渍、污渍

六、超声洁治手柄的清洗

超声洁治手柄后端连接电源，可采用手工与机械清洗（超声清洗机）结合的方式进行清洗。

操作步骤	操作要求和质量标准
用物准备 1. 清洗剂 2. 清洗工具、超声清洗机 3. 个人防护用具	1. 按照产品说明书配制合适浓度的清洗剂 2. 准备超声洁治器固定装置、毛刷等清洗工具 3. 工作人员按照标准预防措施做好个人防护：穿戴圆帽、口罩、护目镜/面屏、防水服、双层手套、防护鞋 4. 根据污染物种类选择合适的清洗剂
冲洗、洗涤及超声清洗	1. 使用流动水冲洗洁治手柄表面明显的污渍、血渍 2. 卸除可拆卸的手柄鼻部，用毛刷手工刷洗鼻部及裸露的金属柄缝隙处；或将手柄插入固定装置后放入超声清洗机中进行机械清洗3~5 min 3. 质量评价：避免液体进入手柄后端，手柄鼻部的内外表面和金属柄缝隙处应无污渍、血渍
漂洗	1. 使用流动水彻底冲洗手柄和鼻部残留的污渍和清洗剂残留，确保水流不接触手柄后端的电源连接处 2. 质量评价：手柄表面及鼻部内壁无污渍和清洗剂残留
终末漂洗	1. 使用经纯化的水彻底冲洗器械手柄表面和鼻部内壁的污渍、清洗剂 2. 质量评价：器械应无污渍和清洗剂残留
消毒	1. 使用75%乙醇擦拭手柄表面 2. 质量评价：化学消毒的浓度及作用时间应符合要求
干燥	1. 使用干燥柜，温度设定为65~75℃，干燥20 min 2. 质量评价：干燥后的手柄表面及内部无水渍

七、口腔小器械的清洗

口腔小器械的清洗指口腔门诊常见的车针、锉针、三用枪头等器械的清洗，常采用手工与机械清洗（超声清洗机）结合的方式进行清洗。

操作步骤	操作要求和质量标准
椅旁预处理	1. 使用者或椅旁配合者及时擦掉器械上尚未干涸的牙科材料或污物，扩大针类使用清洁台，反复拔插，去除牙髓碎屑，并置于盒内保湿，加盖暂存 2. 质量评价：及时去除化学材料和污物，保湿存放
用物准备 1. 清洗剂 2. 清洗工具、超声清洗机 3. 个人防护用具	1. 按照产品说明书配制合适浓度的清洗剂 2. 准备清洗篮筐、毛刷等清洗工具 3. 工作人员按照标准预防措施做好个人防护：穿戴圆帽、口罩、护目镜/面屏、防水服、双层手套、防护鞋
冲洗及超声清洗	1. 车针、扩大针等放入专用车针盒或锉架内，三用枪头等器械使用清洗篮筐盛放，流动水下冲洗，然后置于超声清洗机中清洗3 ~ 5 min 2. 必要时使用专用器械刷刷洗，禁止徒手直接接触锐利器械 3. 质量评价：器械表面或螺纹处无污渍、血渍
漂洗，终末漂洗	1. 从超声清洗机取出后，分别使用流动水和经纯化的水冲洗器械表面，去除可能残留的污渍、碎屑和清洗剂 2. 质量评价：表面无污渍和清洗剂残留
消毒	1. 使用75%乙醇浸泡或煮沸消毒机进行消毒 2. 质量评价：煮沸消毒的时间及温度应符合预设值，化学消毒的浓度及作用时间应有效控制
干燥	1. 使用干燥柜，温度设定为70 ~ 90℃ 2. 质量评价：器械表面及缝隙处干燥，无水渍

八、反光板的清洗

用于口腔治疗中辅助拍摄成像的设备，表面易划伤及破损，应采用手工清洗方式。

操作步骤	操作要求和质量标准
用物准备 1. 清洗剂 2. 清洗工具 3. 个人防护用具	1. 按照产品说明书配制合适浓度的清洗剂 2. 备齐清洗海绵等辅助工具 3. 工作人员按照标准预防措施做好个人防护：穿戴圆帽、口罩、护目镜/面屏、防水服、双层手套、防护鞋
冲洗、洗涤	1. 使用流动水冲洗反光板表面明显的污渍 2. 清洗剂中浸泡3～5 min，在液面下用清洗海绵擦洗，动作轻柔，避免划伤镜面 3. 质量评价：反光板应无血渍、污渍、锈渍
漂洗	1. 使用流动水冲洗反光板残留的污渍、清洗剂 2. 质量评价：表面无污渍和清洗剂残留
终末漂洗	1. 使用经纯化的水彻底冲洗反光板，去除可能残留的污渍和清洗剂 2. 质量评价：表面无污渍和清洗剂残留
消毒	1. 使用75%乙醇浸泡3 min 2. 质量评价：乙醇浓度及作用时间应有效控制
干燥	1. 使用干燥柜，温度设定为70～90℃；也可用气枪吹干 2. 质量评价：干燥后的反光板无水渍、污渍

九、拉钩的清洗

各类塑料材质拉钩的清洗，如全口拉钩、成人拉钩、儿童拉钩，分为手工清洗和机械清洗。

（一）拉钩的手工清洗

操作步骤	操作要求和质量标准
用物准备 1. 清洗剂 2. 清洗工具 3. 个人防护用具	1. 按照产品说明书配制合适浓度的清洗剂 2. 备齐清洗海绵、清洗篮筐等清洗工具 3. 工作人员按照标准预防措施做好个人防护：穿戴圆帽、口罩、护目镜/面屏、防水服、双层手套、防护鞋 4. 根据污染物种类选择合适的清洗剂
冲洗、洗涤	1. 使用流动水冲洗拉钩表面明显的污渍、血渍 2. 在清洗剂中浸泡3 ~ 5 min后使用清洗海绵在液面下擦洗 3. 质量评价：拉钩应无血渍、污渍、锈渍
漂洗	1. 使用流动水冲洗拉钩残留的污渍、清洗剂 2. 质量评价：表面无污渍和清洗剂残留
终末漂洗	1. 使用经纯化的水彻底冲洗拉钩的污渍和残留清洗剂 2. 质量评价：表面无污渍和清洗剂残留
消毒	1. 使用75%乙醇浸泡，也可使用煮沸消毒机进行消毒 2. 质量评价：煮沸消毒的时间及温度应符合预设值，化学消毒的浓度及作用时间应有效控制
干燥	1. 使用干燥柜，温度设定为65 ~ 75℃ 2. 质量评价：干燥后的拉钩无水渍、污渍

（二）拉钩的机械清洗

操作步骤	操作要求和质量标准
用物准备 1. 清洗消毒器或负压清洗器、清洗剂、装载架 2. 个人防护用具	1. 清洗消毒器准备就绪，清洗剂储量充足，在有效期内使用 2. 清洗消毒器内无杂物，喷淋臂转动灵活 3.工作人员按照标准预防措施做好个人防护，佩戴圆帽、口罩、护目镜/面屏、防水服、双层手套、防护鞋
分类	1. 评估拉钩污染程度，污染严重的应先进行预处理 2. 将拉钩平整的摆放在清洗篮筐中，不堆叠 3. 质量评价：避免与清洗后需要润滑的金属器械同批次清洗
装载	1. 使用清洗篮筐合理码放，勿盛放过多，影响水流接触 2. 使用匹配的篮筐盖覆盖拉钩，避免清洗过程中物品撒落 3. 质量评价：确保喷淋臂旋转正常，物品无撒落
程序选择	选择器皿类程序进行清洗和消毒
卸载	1. 清洗程序结束后，在检查包装区进行卸载。卸载前应洗手或快速手消，并防止烫伤 2. 卸载后检查机舱内有无遗留物或杂物，并清理，然后将清洗架推入机舱内关闭舱门 3. 质量评价：目测拉钩应无污渍、血渍、锈渍等，确认湿热消毒效果（*A0*值）符合预设值；清洗质量不合格时，应返回去污区处理

十、印模托盘的清洗

印模托盘用于盛放藻酸盐材料或聚醚材料，表面易残留印模材料，不宜采用机械清洗，应采用手工清洗。

操作步骤	操作要求和质量标准
用物准备 1. 清洗剂、印模材溶解剂 2. 清洗工具 3. 个人防护用具	1. 检查清洗剂和印模材料溶解剂在有效期内使用，按照产品说明书配制合适浓度 2. 备齐清洗刷等辅助工具 3. 工作人员按照标准预防措施做好个人防护：穿戴圆帽、口罩、护目镜/面屏、防水服、双层手套、防护鞋
预处理	1. 去除印模托盘上的大块材料 2. 残留聚醚材料的托盘，手工去除污渍；残留藻酸盐印模材料的托盘，浸泡在配制好的印模材料溶解剂中20 min，使印模材料易剥离或清除 3. 质量评价：合理配制印模材溶解剂，托盘完全浸没在清洗剂中，托盘上无明显残留印模材料
冲洗和洗涤	1. 使用流动水冲洗托盘 2. 在清洗剂液面下，用毛刷刷洗托盘表面可能残留的材料及污渍 3. 质量评价：托盘上残留材料完全去除
漂洗和终末漂洗	1. 分别使用流动水和经纯化的水彻底冲洗托盘表面可能残留的清洗剂和污渍 2. 质量评价：确保刷洗后的托盘无残留印模材料和清洗剂
消毒	1. 使用75%乙醇浸泡或煮沸消毒机进行消毒 2. 质量评价：煮沸消毒的时间及温度应符合预设值，化学消毒的浓度及作用时间应有效控制
干燥	1. 使用干燥柜，温度设定为70～90℃ 2. 质量评价：应无水渍、污渍和残留印模材料

十一、牙科手机的清洗

牙科手机根据产品说明书，可使用手工清洗和机械清洗。

（一）牙科手机的手工清洗

操作步骤	操作要求和质量标准
用物准备 1. 清洗剂 2. 清洗工具 3. 个人防护用具	1. 检查清洗剂有效期 2. 牙科手机专用压力罐装润滑油、压力水枪、清洗刷等辅助工具 3. 工作人员按照标准预防措施做好个人防护：穿戴圆帽、口罩、护目镜/面屏、防水服、双层手套、防护鞋
使用后预处理	1. 牙科手机使用后在带钻针情况下使用牙科综合治疗台水、气系统冲洗牙科手机内部管路各30s 2. 从快接口或连线上卸下手机，取下钻针，擦除手机表面污染物 3. 质量评价：冲洗以排出回吸到管路中的冷却水和唾液
外表面清洗	1. 带光纤的牙科手机，先用气枪吹净光纤表面的颗粒和灰尘，再擦净光纤表面及牙科手机表面的污渍 2. 表面带螺纹的牙科手机，用软毛刷在流动水下清洗 3. 质量评价：牙科手机表面应无血渍、污渍、锈渍
内部管路清洗	1. 内部管路的手工（油）清洗：使用压力罐装清洁剂连接牙科手机后端的进气孔，喷注清洁剂以清洁手机内部管路及轴芯。清洁时使用透明塑料袋或纸巾包住手机头部，避免油雾播散。 2. 内部管路的手工（水）清洗：使用压力水枪连接牙科手机后端进气孔，用有压力的水流冲洗内部管路 3. 质量评价：手工（油）清洗时，若有污物从机头部位流出，应重复操作直至无污油流出；清洗水流的压力应符合牙科手机的使用要求
消毒	1. 使用75%乙醇纱布或有消毒能力的湿巾擦拭外表面 2. 质量评价：不能使用含丙酮、氯及漂白剂的物品消毒牙科手机表面
干燥	1. 手工（水）清洗内部管路后，采用压力气枪吹干；手工（油）清洗内部管路后，不需要进行干燥 2. 质量评价：管路内部无水滴，不影响润滑剂的使用

（二）牙科手机的机械清洗

操作步骤	操作要求和质量标准
用物准备 1. 清洗消毒器、牙科手机专用养护机 2. 清洗剂和清洗工具 3.个人防护用具	1. 清洗消毒器、牙科手机专用清洗架和牙科手机专用养护机准备就绪，清洗剂和牙科手机专用清洁剂储量充足，在有效期内使用 2. 工作人员按照标准预防措施做好个人防护：穿戴圆帽、口罩、护目镜/面屏、防水服、双层手套、防护鞋 3.根据牙科手机品牌选择合适的清洗剂
↓ 使用后预处理	1. 牙科手机使用后在带钻针情况下使用牙科综合治疗台水、气系统冲洗牙科手机内部管路各30 s 2. 从快接口或连线上卸下手机，取下钻针，擦除手机表面污染物 3. 质量评价：冲洗以排出回吸到管路中的冷却水和唾液
↓ 机械清洗	1. 机械（水）清洗：参照清洗消毒器的使用说明，将不同类型的牙科手机分别插入匹配的牙科手机清洗架接口，固定紧密，并选择牙科手机的专用清洗程序进行牙科手机外表面及内部管路的清洗和消毒 2. 机械（油）清洗：参照牙科手机专用养护机的使用说明，将不同类型的牙科手机（已经完成外表面清洗和消毒）连接匹配的转接口，选择适合的清洗模式（长、中、短模式），进行牙科手机内部的机械（油）清洗 3. 质量评价：清洗水流应符合牙科手机的内部结构，机械（水）清洗时不应与其他器械同批次清洗；机械（油）清洗后不应有污油流出
↓ 卸载	1. 机械（水）清洗结束后，在检查包装区进行清洗质量检查和卸载，卸载前应洗手或快速手消，还应防止烫伤；取出清洗架，检查机舱内有无遗留物或杂物，并清理。器械卸载后将空的清洗架推入机舱内关闭舱门 2. 机械（油）清洗结束后，打开前盖，取下牙科手机 3. 质量评价：目测表面应无血渍、污渍等，确认湿热消毒效果（*A0*值）。清洗质量不合格时，应返回去污区处理
↓ 干燥	1. 机械（水）清洗后，内部管腔不能完全干燥，为进行有效润滑，可用压力气枪吹干内部管腔 2. 机械（油）清洗后，无需干燥步骤 3. 质量评价：管路内部无水滴，不影响润滑剂的使用

附录二

口腔器械消毒灭菌技术操作规范（WS 506—2016）

目　录

前　言

本标准的 4.2.2d）、4.3.3、4.4.3、6.1.2a）和 c）、6.2.2、6.2.3、6.2.4、6.3、6.6.2、6.6.3、6.7.2、7.1.3 为推荐性条款，其余为强制性条款。

根据《中华人民共和国传染病防治法》和《医院感染管理办法》制定本标准。

本标准按照 GB/T 1.1—2009 给出的规则起草。

本标准起草单位：北京大学口腔医院、首都医科大学附属北京口腔医院、天津南开大学附属口腔医院、吉林大学口腔医院、中山大学附属口胜医院、中国疾病预防控制中心、北京大学第一医院。

本标准主要起草人：沈曙铭、刘翠梅、俞光岩、苏静、丁效芳、刘东玲、章小缓、班海群、李六亿、王春丽、李秀娥。

1 范围

本标准规定了口腔器械消毒灭菌的管理要求，基本原则，操作流程，灭菌监测，灭菌物品放行和器械储存要求。

本标准适用于各级各类开展口腔疾病预防，诊断，治疗服务的医疗机构，已实现消毒供应中心集中供应的，其口腔器械的处置方法可参照本标准执行 .

2 规范性引用文件

下列文件对于本文件的应用是必不可少的。凡是注日期的引用文件，仅注日期的版本适用于本文件，凡是不注日期的引用文件，其最新版本（包括所有的修改单）适用于本文件，

GB 15982　医院消毒卫生标准

GB/T 19633　最终灭菌医疗器械的包装

WS 310.2　医院消毒供应中心　第 2 部分：清洗消毒及灭菌技术操作规范

WS 310.3　医院消毒供应中心　第 3 部分：清洗消毒及灭菌效果监测标准

WS/T 367 医疗机构消毒技术规范

YY 0646　小型蒸汽灭菌器　自动控制型

3 术语和定义

下列术语和定义适用于本文件。

3.1

口腔器械 dental devices

用于预防、诊断,治疗口腔疾患和口腔保健的可重复使用器械、器具和物品。

3.2

牙科小器械 small dental devices

规格较小的牙科器械，如各种型号车针，根管器具等。

3.3

牙科手机 handpiece；dental

用来向牙科工具或器具传递（带转换或不带转换）工作所需能量的手持工具夹。

3.4

根管器具 root-canal instruments

用来对根管进行探查、穿透，预备或充填的器具，如根管锉，根管扩大器，根管光滑髓针等。

3.5

牙洁治器 dental scaler

专门设计和（或）用于清除牙齿表面牙垢的手动或电动牙科器械。

3.6

高度危险口腔器械 critical dental instruments

穿透软组织，接触骨、进入或接触血液或其他无菌组织的口腔器械。

3.7

中度危险口腔器械 semicritical dental instruments

与完整黏膜相接触，而不进入人体无菌组织，器官和血流,也不接触破损皮肤、破损黏膜的口腔器械。

3.8

低度危险口腔器械 noncritical dental instruments

不接触患者口腔或间接接触患者口腔，参与口腔诊疗服务，虽有微生物污染，但在一般情况下无害，只有受到一定量的病原微生物污染时才造成危害的口腔器械。

3.9

小型压力蒸汽灭菌器自动控制型 small steam sterilizer-automatic type

由电加热产生蒸汽或外接蒸汽的自动控制，其灭菌室容积不超过 60 L 的小型自动控制蒸汽灭菌器，以下简称小型灭菌器。

3.10

A 类空腔负载 hollow load A

单端开孔负载，其长度（*L*）与孔直径（*D*）的比率大于等于 1，小于或等于 750（$1 \leqslant L/D \leqslant 750$）并且长度不大于 1 500 mm（$L \leqslant 1\ 500$ mm），或者两端开孔负载其长度与孔直径的比率大于等于 2，小于或等于 1 500 之间（$2 \leqslant L/D \leqslant 1\ 500$）并且长度不大于 3 000 mm（$L \leqslant 3\ 000$ mm），而且不属于 B 类空腔负载。

示例：牙科手机属于 A 类空腔负载器械。

[YY 0646—2015，定义 3.4]

3.11

B 类空腔负载 hollow load B

单端开孔负载，其长度（L）与孔直径（D）的比率大于等于1，小于或等于 5（$1 \leqslant L/D \leqslant 5$）而且孔径不小于 5 mm（$D \geqslant 5$ mm）；或者两端开孔负载其长度与孔直径的比率大于等于 2 小于或等于 10（$2 \leqslant L/D \leqslant 10$）而且孔径不小于 5 mm（$D \geqslant 5$ mm）。

[YY 0646——2015，定义 3.5]

3.12

工艺变量 processing variable

灭菌工艺的条件，其变化会影响杀灭微生物的效果。

3.13

验证 verification

通过提供客观证据，对规定要求是否已得到满足的认定。

4　管理要求

4.1　医疗机构

4.1.1　应制定本机构口腔器械消毒灭菌工作管理制度。

4.1.2　应设立独立的器械处理区。

4.1.3　应根据口腔诊疗服务工作量配备专职或兼职口腔器械消毒灭菌工作人员，消毒灭菌的工作人员应参加岗前培训和继续教育，培训内容见附录 A。

4.2　器械处理区

4.2.1　应与口腔诊疗服务的范围和工作量相匹配，布局符合医院感染预防与控制的要求。

4.2.2　区域内分为回收清洗区、保养包装及灭菌区、物品存放区：

a）回收清洗区承担器械回收、分类、清洗、干燥工作。

b）保养包装及灭菌区承担器械保养，检查，包装，消毒和（或）灭菌工作。

c）物品存放区存放消毒、灭菌后物品，以及去除外包装的一次性卫生用品等。

d）工作量少的口腔门诊可不设物品存放区，消毒灭菌后将物品直接放于器械储存车内。

4.2.3 回收清洗区与保养包装及灭菌区间应有物理屏障。

4.2.4 工作流程设计应由污到洁，装饰材料应耐水，易清洁，并按照所配设备预留水，电、气等管线，

4.3 设备、设施

4.3.1 应根据口腔诊疗服务的实际情况合理配置设备，设施，并应符合国家相关标准或规定。

4.3.2 应配有污物回收器具，手工清洗池、工作台，超声清洗器及灭菌设备。

4.3.3 宜配备机械清洗消毒设备、牙科手机专用自动注油养护机、医用热封机、干燥设备等。

4.4 耗材

4.4.1 清洁剂：应符合国家相关标准或规定。根据器械的材质，污染物种类，选择适用口腔器械的清洁剂。

4.4.2 消毒剂：应选择合法有效的消毒剂。

4.4.3 润滑剂；牙科手机宜选择专用清洁润滑油，使用宜遵循生产厂家或供应商提供的说明书，其他口腔器械可选水溶性润滑剂。

4.4.4 包装材料：一次性医用皱纹纸，纸塑袋、纸袋、纺织品、无纺布等应符合 GB/T 19633 的要求；牙科器械盒应具有微生物屏障作用，适合各类型车针，根管器具等器械的放置。

4.4.5 消毒灭菌监测材料；应合法有效，并在有效期内使用。

5 口腔器械处理基本原则

5.1 口腔器械应一人一用一消毒和（或）灭菌。

5.2 高度危险口腔器械应达到灭菌水平。

5.3 中度危险口腔器械应达到灭菌水平或高水平消毒。

5.4 低度危险口腔器械应达到中或低水平消毒。

5.5 口腔器械危险程度分类与消毒灭菌要求见附录 B。

6 口腔器械处理操作流程

6.1 回收

6.1.1 口腔器械使用后应与废弃物品分开放置，及时回收。

6.1.2 口腔器械应根据器械材质，功能，处理方法的不同进行分类放置。具体如下：

a）结构复杂不易清洗的口腔器械（如牙科小器械，刮匙等）宜保湿放置，保湿液可选择生活饮用水或酶类清洁剂。

b）牙科手机,电动牙洁治器和电刀应初步去污,存放于干燥回收容器内。

c）其他器械可选择专用回收容器放置。

6.1.3 回收容器应于每次使用后清洗，消毒、干燥备用。

6.2 清洗

6.2.1 口腔器械清洗方法包括手工清洗和机械清洗(含超声波清洗)。手工，超声清洗操作方法应符合附录 C 要求；机械清洗方法应遵循生产厂家的使用说明或指导手册。

6.2.2 非电源口腔器械可选择机械清洗方法。

6.2.3 带电源口腔器械、精密复杂口腔器械宜选择手工清洗。

a）可拆的器械应拆开后分别清洗，如电动牙洁治器。

b）电动牙洁治器手柄宜选择手工清洗方法。

6.2.4 牙科小器械及其他结构复杂的器械宜首选超声清洗，清洗方法见附录 C 的 C.2。

6.2.5 牙科手机清洗应符合附录 D 要求。

6.3 干燥

6.3.1 宜选用干燥设备对器械，器具进行干燥处理，根据器械，器具的材质选择适宜的干燥温度：金属类干燥温度 70 ~ 90 ℃；塑料类干燥温度 65 ~ 75 ℃。

6.3.2 无干燥设备和不耐热的器械、器具，可使用低纤维絮擦布进行干燥处理。

6.4　检查与保养

6.4.1　应采用目测或使用带光源放大镜对干燥后的口腔器械进行检查。器械表面、螺旋结构处、关节处应无污渍，水渍等残留物质和锈斑，对清洗质量不合格的器械应重新处理；损坏或变形的器械应及时更换。

6.4.2　牙科手机的保养见附录 D。

6.5　消毒方法选择

6.5.1　物理消毒方法应首选湿热消毒，湿热消毒参数符合 WS 310.2 要求；清洗消毒器消毒方法见附录 C 的 C.3。

6.5.2　化学消毒方法应符合 WS/T 367 的要求。

6.6　包装

6.6.1　应根据器械特点和使用频率选择包装材料。

6.6.2　低度、中度危险的口腔器械可不包装，消毒或灭菌后直接放入备用清洁容器内保存。

6.6.3　牙科小器械宜选用牙科器械盒盛装。

6.6.4　封包要求如下：

a）包外应有灭菌化学指示物，并标有物品名称，包装者，灭菌器编号，灭菌批次，灭菌日期及失效期，如只有 1 个灭菌器时可不标注灭菌器编号。

b）口腔门诊手术包的包内、包外均应有化学指示物。

c）纸塑袋包装时应密封完整，密封宽度≥ 6 mm，包内器械距包装袋封口处≥ 2.5 cm。纸袋包装时应密封完整。

d）医用热封机在每日使用前应检查参数的准确性。

6.7　灭菌方法选择

6.7.1　口腔器械应首选压力蒸汽灭菌，选择小型灭菌器灭菌应符合附录 E 要求。

6.7.2　碳钢材质的器械宜选干热灭菌。

6.7.3　其他灭菌方法应符合 WS 310.2 要求。

7 监测要求

7.1 消毒监测

7.1.1 湿热消毒；每次应监测温度，时间，并记录。

7.1.2 化学消毒；应根据消毒剂种类定期监测化学消毒剂的浓度、消毒时间，并记录。

7.1.3 消毒效果监测：消毒后直接使用的物品宜至少每季度监测一次，监测方法及结果判读符合 WS/T 367 的要求。

7.2 灭菌监测

7.2.1 小型灭菌器监测应符合附录 E。

7.2.2 其他灭菌器灭菌方法的监测应符合 WS 310.3 相关规定。

7.2.3 每个灭菌周期运行均应形成文件记录，文件记录应保存 3 年，记录格式内容见附录 F。

8 消毒与灭菌物品放行

8.1 消毒物品放行

8.1.1 机械热力消毒应检查额定参数（温度、时间），所得参数符合要求时，消毒物品方可放行。

8.1.2 用化学消毒剂消毒物品时应检查其消毒时间，浓度，符合 WS/T 367 的要求时，物品方可放行。

8.2 灭菌物品放行

8.2.1 每一灭菌周期结束后应检查所有物理参数、化学指示物，所得数据、指示物的显示与规定灭菌参数一致时，灭菌物品方可放行。

8.2.2 灭菌周期的各种监测或参数不合格时不应放行，应查找灭菌失败原因，重新调整后再进行物理、化学监测，合格后灭菌器方可再次使用，必要时做生物监测，并应记录全过程。

9　器械储存

9.1　储存区应配备物品存放柜（架）或存放车，并应每周对其进行清洁消毒。并注意以下事项：

a）灭菌物品和消毒物品应分开放置，并有明显标识；

b）采用灭菌包装的无菌物品储存有效期见表 1；

表 1　包装材料无菌有效期

包装类型	纺织材料和牙科器械盒	一次性纸袋	一次性皱纹纸和医用无纺布	一次性纸塑袋
有效期 / 天	7	30	180	180

c）裸露灭菌及一般容器包装的高度危险口腔器械灭菌后应立即使用，最长不超过 4 h；

d）中、低度危险口腔器械消毒或灭菌后置于清洁干燥的容器内保存，保存时间不宜超过 7 天。

9.2　储存室内环境应符合 GB15982 要求。

附　录　A
（规范性附录）
培训内容与管理要求

A.1　医疗机构应为消毒灭菌人员提供参加技术培训机会，培训应有文字记录或证明。

A.2　专兼职消毒灭菌工作人员，每年应至少参加消毒灭菌专业技术培训1次。

A.3　培训内容应包括《传染病防治法》、《医院感染管理办法》，WS/T 367，职业暴露的预防等相关知识和表A.1所列培训内容和本标准内容。

表A.1　消毒灭菌人员培训内容

类别	培训内容
回收清洗	污染器械的安全回收；器械去污和清洁；清洗设备使用；清洗方法选择；个人防护用品的正确使用
消毒与监测	消毒方法的选择；消毒药液的配比；消毒设备的使用；消毒效果的监测
消毒、灭菌前准备	清洗后器械的检查；器械保养方法的选择；待灭菌物品包装的选择；灭菌前质量检查
灭菌与监测	灭菌器使用；灭菌物品装载；灭菌程序选择；物理监测方法；化学监测方法；生物监测方法；各类监测的周期；监测结果判定；灭菌后放行标准
储存	储存条件与有效期
文件管理	灭菌监测记录；灭菌器维修保养及处理记录；各种记录保存时间

附 录 B

（规范性附录）

口腔器械危险程度分类与消毒、灭菌、储存要求

口腔器械危险程度分类与消毒，灭菌，储存见表 B.1。牙科手机灭菌后应清洁保存。

表 B.1 口腔器械危险程度分类与消毒、灭菌、储存

危险程度	口腔器械分类	消毒、灭菌水平	储存要求
高度危险	拔牙器械：拔牙钳、牙挺、牙龈分离潜、牙根分离器、牙齿分离器、凿等	灭菌	无菌保存
	牙周器械：牙洁治器、刮治器、牙周探针、超声工作尖等		
	根管器具：根管扩大器、各类根管锉、各类根管扩孔钻、根管充填器等		
	手术器械：包括种植牙、牙周手术、牙槽外科手术用器械、种植牙用和拔牙用牙科手机等		
	其他器械：牙科车针、排龈器、刮匙、挖匙、电刀头等		
中度危险	检查器械：口镜、镊子、潜械盘等	灭菌或高水平消毒	清洁保存
	正畸用潜械：正畸钳、带环推子、取带环钳子、金冠剪等		
	修复用器械：去冠器、拆冠钳、印模托盘、垂直距离测量尺等		
	各类充填器；银汞合金输送器		
	其他器械：牙科手机、卡局式注射器、研光器、吸唾器、用于舌、唇、颊的牵引器、三用枪头、成形器、开口潜、金属反光板、拉钩、挂钩、口内 X 光片夹持器、橡皮障夹、橡皮障夹钳等		
低度危险	调刀：模型雕刻刀、钢调刀、蜡刀等	中、低度水平消毒	清洁保存
	其他器械：橡皮调拌碗、橡皮障架、打孔器、牙锤、聚醚枪、卡尺、抛光布轮、技工钳等		

附　录　C
（规范性附录）
器械、器具和物品的清洗操作方法

C.1　手工清洗

C.1.1　操作程序

C.1.1.1　冲洗：将器械、器具和物品置于流动水下冲洗，初步去除污染物。

C.1.1.2　冲洗后，应用酶清洁剂或其他清洁剂浸泡后刷洗、擦洗。

C.1.1.3　漂洗：刷洗、擦洗后，再用流动水清洗。

C.1.2　注意事项

C.1.2.1　手工清洗时水温宜为 15 ～ 30 ℃。

C.1.2.2　去除干固的污渍宜先用酶清洁剂浸泡，浸泡时间和酶清洁剂使用液浓度参考生产厂家使用说明书，浸泡后再行剧洗或擦洗。

C.1.2.3　剧洗操作应在水面下进行，防止产生气溶胶。

C.1.2.4　管腔器械应用压力水枪冲洗，可拆卸部分应拆开后清洗。

C.1.2.5　应选用相匹配的剧洗用具、用品，避免器械磨损。

C.1.2.6　清洗用其，清洗池等应每日清洁和消毒。

C.2　超声清洗

C.2.1　操作程序

C.2.1.1　冲洗：流动水下冲洗器械，初步去除污染物。

C.2.1.2　洗涤：清洗器内注入清洗用水，并添加清洁剂。水温应≤ 45℃。应将器械放入篮筐中，浸没于水面下，管腔内注满水。

C.2.1.3　终末漂洗；使用流动水进行漂洗。

C.2.1.4　超声清洗操作，应遵循生产厂家的使用说明或指导手册。

C.2.2 注意事项

C.2.2.1 清洗时应盖好超声清洗机盖子，防止产生气溶胶。

C.2.2.2 应根据器械的不同材质选择相匹配的超声频率和时间。

C.2.2.3 牙科小器械使用超声清洗时宜配备专用网篮。

C.3 自动清洗消毒

C.3.1 适用于耐湿热物品的清洗和消毒，如玻璃调拌板，金属调拌刀，橡皮碗等。

C.3.2 根据器械的形状和特性选择适宜的清洗盛装架，精细和锐利器械应固定放置。

C.3.3 清洗消毒器用水应符合清洗设备说明书要求，预洗阶段水温不应高于 45 ℃。

C.3.4 消毒温度与时间应符合 WS 310.2 要求。

C.3.5 应定期检查设备的清洗消毒效果。

C.3.6 注意事项如下：

a）可拆卸器械清洗时应拆开清洗，器械轴节应充分打开；

b）选择不同清洗消毒程序时应注意确认消毒参数；

c）应定时检查清洁剂泵、管是否通畅。

附　录　D
（规范性附录）
牙科手机清洗、保养方法

D.1　牙科手机清洗保养原则

D.1.1　牙科手机应根据内部结构或功能选择适宜的清洗保养方法。

D.1.2　特殊用途牙科手机，应遵循生产厂家或供应商提供的使用说明进行清洗与保养。

D.2　牙科手机清洗方法

D.2.1　手工清洗方法

D.2.1.1　牙科手机使用后在带车针情况下使用牙科综合治疗台水、气系统冲洗牙科手机内部水路、气路 30 s，如图 D.1。

D.2.1.2　将牙科手机从快接口或连线上卸下，取下车针，去除表面污染物，如图 D.2。

a）带光纤牙科手机可用气枪吹净光纤表面的颗粒和灰尘，擦净光纤表面污渍；

b）带螺纹的牙科手机表面可用软毛刷在流动水下清洗，如图 D.3。

D.2.1.3　使用压力罐装清洁润滑油清洁牙科手机进气孔管路，或使用压力水枪冲洗进气孔内部管路，然后使用压力气枪进行干燥。

D.2.1.4　注意事项如下：

a）使用压力罐装清洁润滑油过程中使用透明塑料袋或纸巾包住机头部，避免油雾播散，如图 D.4；

b）部件可拆的种植牙专用手机应拆开清洗；不可拆的种植牙专用手机可选用压力水枪进行内部管路清洗；

c）使用压力水枪清洗牙科手机后应尽快使用压力气枪进行内部气路的干燥，避免轴承损坏；

d）压力水枪和压力气枪的压力宜在 200 ~ 250 kPa，不宜超过牙科手机使用说明书标注压力；

e）牙科手机不应浸泡在液体溶液内清洗；

f）使用罐装清洁润滑油清洁内部的过程中，如有污物从机头部位流出，应重复 D.2.1.3 操作直到无污油流出为止。

D.2.2　机械清洗方法

D.2.2.1　表面清洁应符合 D.2.1.2。

D.2.2.2　牙科手机放入机械清洗设备内，固定牙科手机，选择正确的清洗程序。

D.2.2.3　机械清洗设备内应配有牙科手机专用接口，其清洗水流、气流符合牙科手机的内部结构。

D.2.2.4　机械清洗设备用水宜选用去离子水，软水或蒸馏水。

D.2.2.5　注意事项如下：

a）电源马达不应使用机械清洗机清洗；

b）牙科手机清洗后内部管路应进行充分干燥；

c）牙科手机不宜选用超声波清洗；

d）牙科手机不宜与其他口腔器械同时清洗。

D.3　牙科手机保养

D.3.1　手工保养方法

D.3.1.1　用压力罐装润滑油连接相匹配的注油适配器或接头对牙科手机注人润滑油，如图 D.5。

D.3.1.2　牙科手机夹持器械的部位（卡盘或三瓣簧）应每日注油，如图 D.6。

D.3.1.3　内油路式牙科手机宜采用油脂笔对卡盘或三瓣簧和轴承进行润滑，图 D.7。

D.3.1.4、低速牙科弯机和牙科直机注油可参考以上注油方式（若适用），特殊注油方式应参考厂家或供应商使用说明书执行。

D.3.1.5　注意事项如下：

a）清洁注油时应将注油接头与牙科手机注油部位固定，以保证注油效果；

b）避免油雾播散应符合 D.2.1.4 a）要求；

c）选择压力罐装清洁润滑油对牙科手机进行清洁的可以不用再次注入润滑油。

D.3.2 机械保养方法

D.3.2.1 将牙科手机连接相匹配的注油适配器或接头后插入自动注油养护机内进行注油。

D.3.2.2 选择适宜的注油程序。

D.4 其他方法

牙科手机可选择清洗注油灭菌一体机进行清洗、润滑保养。

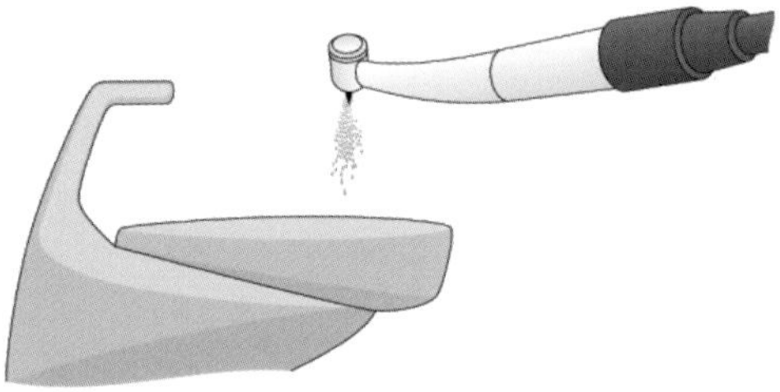

图 D.1 牙科手机内部冲洗

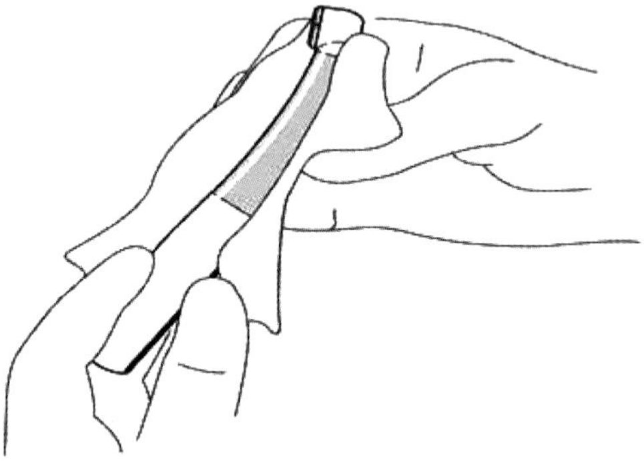

图 D.2 牙科手机表面清洁

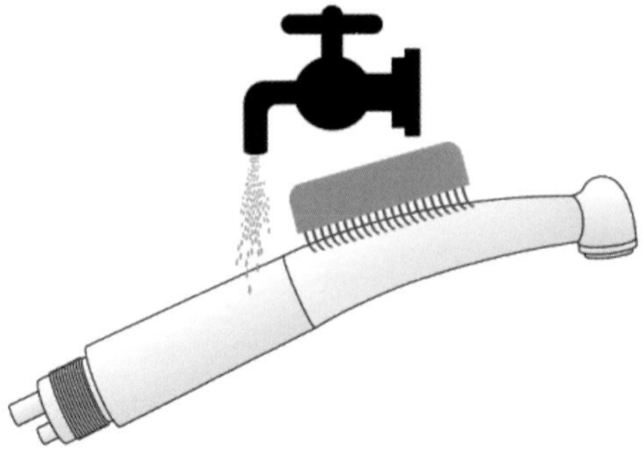

图 D.3 带螺纹牙科手机表面清洁

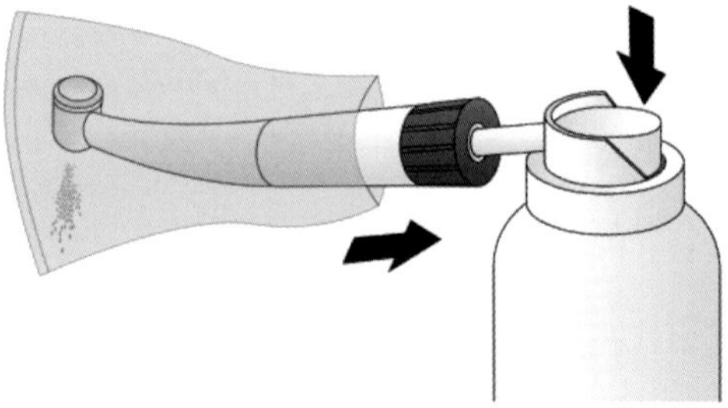

图 D.4 避免油雾播散

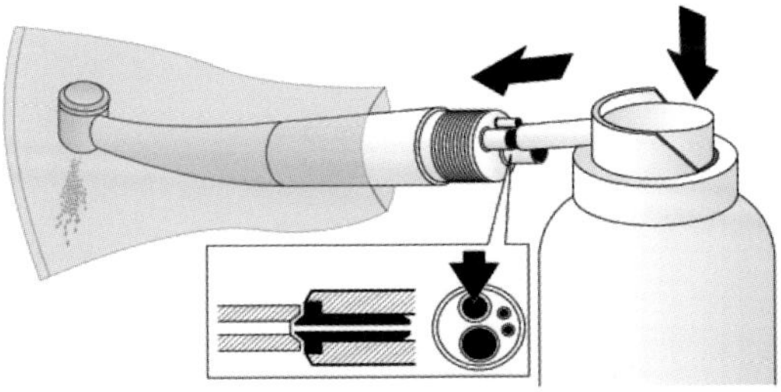

图 **D.5**　牙科手机手工注油

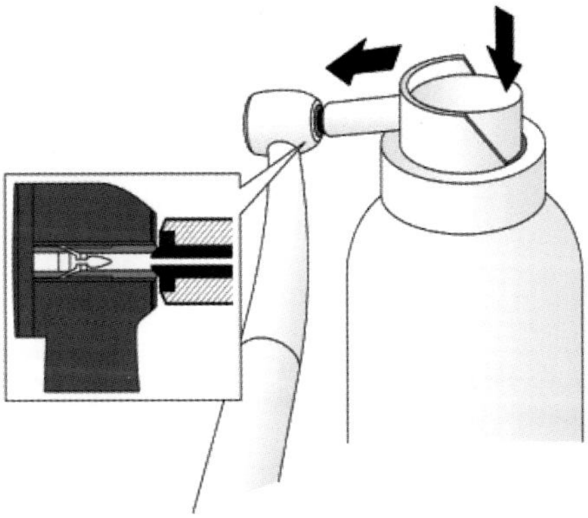

图 **D.6**　牙科手机卡盘或三瓣簧注油

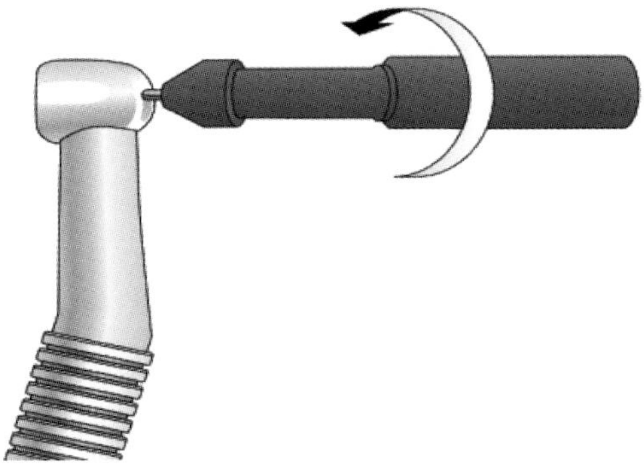

图 **D.7**　内油路式牙科手机油脂笔注油

附　录　E
（规范性附录）
小型灭菌器灭菌与监测要求

E.1　灭菌要求

E.1.1　灭菌周期

E.1.1.1　根据待灭菌物品的危险程度、负载范围选择灭菌周期。小型灭菌器周期见表 E.1。

E.1.1.2　不同分类的灭菌周期和相关的设置只能应用于指定类型物品的灭菌。对于特定负载的灭菌过程需要通过验证。

表 E.1　小型灭菌器灭菌周期

灭菌器周期	灭菌负载范围
B 类灭菌周期	用于所有包装的和无包装的实心负载、A 类空腔负载和多孔渗透负载的灭菌
N 类灭菌周期[a]	用于无包装的实心负载的灭菌
S 类灭菌周期[b]	用于制造商规定的特殊灭菌物品，包括无包装实心负载和至少以下一种情况：多孔渗透性物品、小量多孔渗透性条状物、A 类空腔负载，B 类空腔负载，单层包装物品和多层包装物品

[a] N 类灭菌周期不能用于牙科手机等管腔类器械的灭菌。
[b] S 类灭菌周期应有生产厂家或供应商提供可灭菌口腔器械的类型、灭菌验证方法。

E.1.2　灭菌参数

灭菌参数见表 E.2。

其使用中温度上限、相对压力波动范围可参考小型灭菌器使用说明书。

表 E.2　灭菌参数

温度 /℃	最短灭菌时间 /min	相对压力 /kPa
121	15	103.6
132	4	185.4
134	3	202.8

注：相对压力一般指表压，是测量系统相对于大气压的压力值。

E.1.3 灭菌前准备

E.1.3.1 每日设备运行前应进行安全检查，包括：压力表处于“零”的位置；记录打印装置处于备用状态；灭菌柜门密封圈平整无松懈；柜门安全锁扣能够灵活开、关；柜内冷凝水排出口通畅；电源、水源等连接妥当。

E.1.3.2 打开电源，开机预热，选择相应灭菌周期。

E.1.3.3 灭菌器用水应符合 YY 0646 要求。

E.1.4 灭菌装载

E.1.4.1 灭菌物品不能超过该灭菌器最大装载量。

E.1.4.2 灭菌器应配有灭菌架或托盘，托盘应有足够的孔隙使蒸汽穿透。

E.1.4.3 使用灭菌架摆放包装类灭菌物品，物品间应留有一定的间隙。

E.1.4.4 使用托盘摆放纸塑包装器械和无包装器械应单层摆放，不可重叠。

E.1.4.5 配套使用器械应分开灭菌，如牙科手机与车针、电动牙洁治器手柄与工作尖等。

E.1.4.6 待灭菌物品应干燥后装入灭菌器内。

E.1.5 灭菌器维护

E.1.5.1 应根据生产厂家或供应商提供的使用说明对灭菌器进行维护。

E.1.5.2 灭菌器操作人员应对灭菌器进行日常维护，包括检查灭菌门密封圈、排放滤网，灭菌舱内外表面的清洁，更换记录器打印纸等。

E.1.5.3 灭菌器调试或更换消耗性的部件，如记录装置，过滤器、蒸汽阀，排水管、密封圈等应由经过专业培训的人员进行维护。

E.1.5.4 灭菌器使用满 12 个月或使用中出现故障时应由专业人员进行全面维护。

E.1.5.5 灭菌器的日常维护，年度维护、维修或调试均应形成文字记录。

E.2 灭菌器监测要求

E.2.1 物理参数监测

E.2.1.1 每一灭菌周期应监测物理参数，并记录工艺变量。

E.2.1.2　工艺变量及变化曲线应由灭菌器自动监控，并打印。

E.2.1.3　工艺变量结果应符合附录 E 中表 E.2 灭菌参数要求。

E.2.2　化学监测

E.2.2.1　每个灭菌周期应进行化学监测，并记录监测结果。

E.2.2.2　化学监测应将包内化学指示物放置在常用的、有代表性的灭菌包或盒内，置于灭菌器最难灭菌的部位。裸露灭菌的实心器械可将包内化学指示物放于器械旁进行监测。空腔器械可选择化学 PCD 进行监测。

E.2.2.3　应通过观察化学指示物颜色变化，判定是否暴露于灭菌工艺变量或达到灭菌要求。

E.2.3　生物监测

E.2.3.1　生物监测包应选择灭菌器常用的、有代表性的灭菌包制作，或使用生物 PCD，置于灭菌器最难灭菌的部位，且灭菌器应处于满载状态。

E.2.3.2　使用中的灭菌器应每月进行生物监测。

E.2.3.3　生物监测方法和结果判断应符合 WS 310.3 标准要求。

E.2.4　注意事项

E.2.4.1　小型灭菌器每使用满 12 个月或维修后应同时进行物理监测，化学监测和生物监测，合格后灭菌器方可正常使用。

E.2.4.2　小型灭菌器新安装或更换主要部件时应进行灭菌性能确认，验证方法应符合国家相关要求。

附 录 F
（资料性附录）
灭菌器灭菌周期运行记录表

灭菌器灭菌周期运行记录见表 F.1。

表 F.1 灭菌周期运行记录表

<table>
<tr><td>灭菌日期：年 月 日</td><td>灭菌器标识（编号）：</td><td>灭菌周期：
B 类□ S 类□ N 类□</td><td>灭菌锅次：第 锅</td></tr>
<tr><td>化学监测：
合格□ 不合格□ 未测□</td><td>生物监测：
合格□ 不合格□ 未测□</td><td></td><td>其他监测[a]：
合格□ 不合格□</td></tr>
<tr><td colspan="4">工艺变量监测（物理参数）：合格□ 不合格□
自动打印工艺变量粘贴处（灭菌压力、温度、时间）</td></tr>
<tr><td colspan="4">灭菌装载物说明[b]或编号[c]：</td></tr>
<tr><td colspan="2">确定监测数据；灭菌物品放行 □</td><td colspan="2">放行人员签名：</td></tr>
<tr><td colspan="4">[a] 注明监测方法。
[b] 注明灭菌的包装类型、主要器械名称。如纸塑包装类器械，多孔布包，器械盒等。
[c] 如牙科手机为 01，牙科小器械为 02 等。</td></tr>
</table>

行业规范文件推荐目录

1．WS/T367—2012. 医疗机构消毒技术规范.
2．WS/T368—2012. 医院空气净化管理规范.
3．WS/T466—2014. 消毒专业名词术语.
4．WS/T313—2019. 医务人员手卫生规范.
5．GB8599—2008. 大型蒸汽灭菌器技术要求自动控制型.
6．GB18282.3—2009. 医疗保健产品灭菌　化学指示物.
7．GB28234—2011. 酸性氧化电位水生成器安全与卫生标准.
8．GB15982—2012. 医院消毒卫生标准.
9．GB18281.3—2015. 医疗保健产品灭菌　生物指示剂　第3部分：湿热灭菌用生物指示剂.
10．GB27955—2020. 过氧化氢气体等离子体低温灭菌器卫生要求.
11．GB/T30690—2014. 小型压力蒸汽灭菌器灭菌效果监测方法和评价要求.
12．GB/T19633.1—2015. 最终灭菌医疗器械包装.
13．GB/T32309—2015. 过氧化氢低温等离子体灭菌器.
14．GB5749—2006. 生活饮用水标准.
15．GB27949—2011. 医疗器械消毒剂卫生要求.
16．GB27373—2010. 乙醇消毒剂卫生标准.
17．YY/T0698.2—2009. 最终灭菌医疗器械包装材料　第2部分：灭菌包裹材料要求和试验方法.
18．YY/T0646—2015. 小型蒸汽灭菌器　自动控制型.
19．YY/T1309—2016. 清洗消毒器超声清洗的要求和试验.
20．YY/T0734.1—2018. 清洗消毒器.

参考文献

1．张青，钱黎明．消毒供应中心管理与技术指南［M］．北京：人民卫生出版社，2021.

2．Pankhurst CL，Coulter WA. Basic guide to infection prevention and control in dentistry［M］，Hoboken Willey Blackwell，2017.